W0039648

Mein gesunder
Shih Tzu

TOPFIT
KERNGESUND
AKTIV

Dr. med. vet. Lowell Ackerman
unter Mitarbeit von
Dr. med. vet. Marion Heigl und
Dr. rer. nat. Jürgen Schmidt

bede bei Ulmer

Bildnachweis: Claudia Vorderstemann, Shih-Tzu vom Heydpark, Hövels
                Elisabeth Egner, Madarin Garden´s, Pirmasens
                Fotolabor Klaar, Feldafing
                Linda Reinelt-Gebauer, Steinebach und Jun Saunders, GB
                Wir bedanken uns herzlich für die freundliche Unterstützung
                Archiv T.F.H. Publications Inc.
                (Isabelle Francais, Judith Iby, Patti Liermann, Jaqueline Mertens, Scotty
                Richardson, Penny Schultz, Robert Smith, Karen Taylor, Josef Wolff)
                außer wenn anders aufgeführt
Übersetzung: Herprint International cc, Bredell 1623, Südafrika

Durchsicht der deutschen Übersetzung: Linda Reinelt-Gebauer, Steinebach a.d. Wied

Hinweis

In diesem Buch sind die Namen von Medikamenten, die zugleich eingetragene Warenzeichen
sind, als solche nicht besonders kenntlich gemacht. Es kann also aus der Bezeichnung der Ware
mit dem für diese eingetragenen Warenzeichen nicht geschlossen werden, dass die Bezeichnung ein freier Warenname ist. Die Markennamen wurden nur beispielhaft aufgeführt.
Hinsichtlich der in diesem Buch angegebenen Dosierungen von Medikamenten usw. wurde die
größtmögliche Sorgfalt beachtet. Gleichwohl werden die Leser aufgefordert, die entsprechenden
Beipackzettel der Hersteller zur Kontrolle heranzuziehen. Die beispielhafte Auflistung von
Medikamenten bzw. Wirkstoffen ist kein Beweis dafür, dass diese in Deutschland zugelassen
sind. Der behandelnde Tierarzt ist aufgefordert, die jeweilige (Zulassungs-)Situation zu über-
prüfen.
Die in diesem Buch enthaltenen Empfehlungen und Angaben sind vom Autor mit größter
Sorgfalt zusammengestellt und geprüft worden. Eine Garantie für die Richtigkeit der Angaben
kann aber nicht gegeben werden. Autor und Verlag übernehmen keinerlei Haftung für Schäden
und Unfälle. Der Leser sollte bei der Anwendung der in diesem Buch enthaltenen
Empfehlungen sein persönliches Urteilsvermögen einsetzen.
Der Verlag Eugen Ulmer ist nicht verantwortlich für den Inhalt von Links.

Bibliografische Information der Deutschen Nationalbibliothek
Die Deutsche Nationalbibliothek verzeichnet diese Publikation in der Deutschen
Nationalbibliografie; detaillierte bibliografische Daten sind
im Internet über http://dnb.d-nb.de abrufbar.

Das Werk einschließlich aller seiner Teile ist urheberrechtlich geschützt. Jede Verwertung
außerhalb der engen Grenzen des Urheberrechtsgesetzes ist ohne Zustimmung des Verlages
unzulässig und strafbar. Das gilt insbesondere für Vervielfältigungen, Übersetzungen,
Mikroverfilmungen und die Einspeicherung und Verarbeitung in elektronischen Systemen.

© Copyright der englischen Originalausgabe Lowell Ackerman DVM
© 1999, 2010 Eugen Ulmer KG
Wollgrasweg 41, 70599 Stuttgart (Hohenheim)
E-Mail: info@ulmer.de
Internet: www.ulmer.de
Titelfoto: Tierfotoagentur.de / R. Richter
Umschlagentwurf: Sojus Design, Kai Twelbeck, Stuttgart
Druck und Bindung: Westermann Druck, Zwickau
Printed in Germany

ISBN 978-3-8001-6778-4

Inhalt

Vorwort zur deutschen Auflage

Der gesunde Shih Tzu von Dr. vet. Lowell Ackermann. Ein Buch, welches sich nicht mit der Geschichte und Zucht der Rasse beschäftigt, sondern ausschließlich mit der Gesundheit. Gut verständlich wird dem Leser erklärt, mit welchen Problemen er beim Erwerb eines Hundes dieser Rasse rechnen kann. Natürlich sind die Erfahrungen die Dr. Ackermann gemacht hat und in diesem Buch an den Leser weitergibt, in den Vereinigten Staaten von Amerika gemacht worden, wo diese zu den am meist gezüchteten Rassen gehört. Jeder weiß, was es für eine Hunderasse bedeutet, wenn sie boomt. Wir in Deutschland züchten mit guten soliden Zuchtstämmen, was bedeutet, daß der Shih Tzu, wenn er aus einer seriösen VDH-Zucht stammt, gesund und langlebig ist. Dieses Buch ist hervorragend geschrieben und übersetzt. Jeder Shih Tzu Züchter und Halter sollte dieses Buch lesen und äußerst vorsichtig bei Importen aus den USA sein.

Ein gelungenes Buch mit vielen hervorragenden Bildern.

**Linda Reinelt-Gebauer
1. Vorsitzende des
Shih Tzu Clubs e.V.**

Auch heute noch unterscheidet sich der „königliche" Shih Tzu deutlich von anderen kleinen und tibetanischen Rassen.

Vorwort

Die wichtigste Aufgabe für den Halter eines Shih Tzu ist es, diesen gesund zu erhalten. Im Gegensatz zu vielen anderen Büchern, die sich mit den Zuchtqualitäten, dem Körperbau und den Ausstellungseignungen dieser Hunde beschäftigen, befaßt sich dieses Buch hauptsächlich mit der Gesundheitsvorsorge für den Shih Tzu. Alle diesbezüglichen Informationen wurden aus unterschiedlichen Quellen zusammengestellt, um dem Leser einen möglichst breiten und aktuellen Überblick zu geben.

Dieses Buch macht den Leser mit so wichtigen Punkten wie der Auswahl des Hundes, der Erkennung von ererbten medizinischen und Verhaltensproblemen, der richtigen Ernährungsweise sowie der optimalen medizinischen Pflege vertraut.

Es soll dem Halter ermöglichen, seinen Shih Tzu so gesund wie möglich zu halten und ihm dadurch ein langes, erfülltes und glückliches Leben zu ermöglichen.

Dr. vet. Lowell Ackerman
im Frühjahr 1999

Bei diesen Dreien fällt die Wahl schwer, welcher der Schönste ist. Dieses Buch will Ihnen bei der Auswahl Ihres Hundes helfen und Ihnen zeigen auf welche Kriterien Sie dabei achten müssen.
Foto: C. Vorderstemann

Die Abstammung des Shih Tzus aus dem kaiserlichen China ist auch heute noch zu erkennen. Dieser hier fühlt sich scheinbar zwischen stilechten Kunstwerken zu Hause.

Der moderne Shih Tzu

Die Entstehungsgeschichte des Shih Tzu ist etwas undurchsichtig. Es wird vermutet, daß er ein aus Tibet stammender Tempelhund ist und deshalb in einigen Ländern als heilig gilt. Der Shih Tzu wurde während der Manchu-Dynastie auch in China als Palasthund gepflegt. So kommt es, daß der Ursprung der Rasse mehr oder weniger jedem Land zugesprochen wird, in dem diese Hunde gezüchtet wurden.

Auf dem Höhepunkt der Bemühungen um das Festlegen von Zuchtstandards und der Dokumentation der Abstammung der einzelnen Hunderassen, mußte natürlich auch der Shih Tzu seinen ihm zustehenden Platz zugewiesen bekommen. Dabei galt es, ihn sowohl von anderen kleinen Rassen als auch von anderen Tibetanischen Rassen abzugrenzen. Der Standard

für den Shih Tzu wurde erst 1938 in England festgelegt, obwohl das erste Exemplar der Rasse bereits Ende 1930 seinen Einzug in die Vereinigten Staaten gehalten hatte. Der American Kennel Club erkannte diese Hunde dennoch erst 1969 als eigenständige Rasse an.

Nach dem 2. Weltkrieg, als Peking unter kommunistische Führung geriet, wurde der Export von Shih Tzus erfolgreich reduziert. Im Laufe der Jahre bekan der Shih Tzu Variabilität, schlechtes Pigment, vergrößerte Augen, lange Nasen, krause Fellstruktur und unklare Farben. Der Shih Tzu verlor im Alter seine Attraktivität. Miss Elfreda Evans hatte ein gutes Auge für Form und Qualität, ohne Rücksprache mit dem Kennel-Club kreuzte sie eine Shih Tzu Hündin mit einem Pekinesen. „Das wurde nur einmal gemacht!" War das nicht die Praxis über viele Generationen der kaiserlichen Palastzucht in Peking gewesen? Die Kreuzung bestätigte sich, die Rasse stabilisierte sich und es gibt heute keine Linie in der Welt ohne diese Einkreuzung. Durch weitere Auswahlzucht entstand ein kleiner Hund mit einem Gewicht von unter 7 kg.

Obwohl die Rasse einen kaiserlichen Anfang nahm, dem eine wenig königliche Laufbahn folgte, hat der Shih Tzu eine bemerkenswerte Beliebtheit erlangt. Im Jahre 1994 nahm er den 14. Platz in der Rangliste der am häufigsten im American Kennel Club registrierten Rassen ein.

Trotz seiner kleinen Statur ist der Shih Tzu einer der beliebtesten und gefragtesten Kleinhundrassen. Diese zwei Welpen hier sind drei Monate alt.

Verhalten des Shih Tzu

Der Shih Tzu war ein Palasthund und durfte ursprünglich ausschließlich von Mitgliedern des chinesischen Königshauses gehalten werden. Heute kann dagegen jeder, der gerne möchte, einen dieser reizenden Hunde sein Eigen nennen. Der Shih Tzu ist ein entzückender Clown, der seinem Halter ein vertrauenswürdiger, unterhaltender Freund sowie „Hand- und Fußwärmer" ist.

Struktur und äußerliche Merkmale

In diesem Buch wollen wir uns nicht mit den Ausstellungshunden beschäftigen oder damit, wie Sie den perfekten Champion auswählen. Hier sollen dem Leser Grundinformationen über den Körperbau und die Verhaltensweisen des Shih Tzu vermittelt werden.
Über Geschmack läßt sich bekanntlich streiten, und da die Zuchtstandards sowie-

Der Shih Tzu liebt den Umgang mit dem Menschen. „Troy" bei der Ausbildung für Ausstellungshunde.

so immer wieder geändert werden und von Land zu Land unterschiedlich ausfallen, könnten sie als imaginäres Ideal bezeichnet werden, das einen Hund beschreibt, den es eigentlich gar nicht gibt. Nur weil ein Hund nicht zum Champion geboren ist, kann er dennoch ein wertvolles Familienmitglied sein, wohingegen der teuerste Champion vielleicht so ganz und gar nicht in die betreffende Familie paßt. Ein Züchter oder an Ausstellungen interessierter Halter wird seinen Hund selbstverständlich entsprechend des Zuchtstandards auswählen. Wer dagegen einen Haushund, Freund und Gefährten sucht, der sollte sich bei der Beurteilung der äußeren Merkmale und der Persönlichkeit eines Shih Tzu an eher praktischen Anhaltspunkten orientieren.

Shih Tzus waren von jeher und sind auch heute noch kleine Hunde. Der Zuchtstandard verlangt ein Gewicht zwischen vier und acht Kilogramm und eine Schulterhöhe von 20 bis 27 cm. Einige Exemplare haben eine leicht gebogene Vorderhand die aus der Einkreuzung eines Pekinesen stammen soll, was aber nicht stimmt. Ein Shih Tzu mit sehr breitem Brustkorb hat immer einen leichten Bogen in der Vorhand um den Körper korrekt zu halten. Trotz ihrer geringen Größe sind sie unglaublich robuste Hunde mit großen, dunklen und ausdrucksstarken Augen. Leider neigen diese Augen zur Geschwürbildung. Die meisten Shih Tzu-Züchter reinigen

... und denken Sie dran

Das Wesen Ihres Welpen sollte sich durch Aufmerksamkeit, Neugier und Verspieltheit auszeichnen. Ängstlichkeit, Schreckhaftigkeit oder Aggressivität sind Anzeichen für sich anbahnende Verhaltensstörungen.

deshalb die empfindlichen Augen ihrer Hunde täglich und verwenden spezielle Augenspülungen zum Entfernen von Staub und Haaren.

Fellfarbe, -beschaffenheit, und -pflege

Beim Shih Tzu werden viele unterschiedliche Fellfarben anerkannt. Als Grundfärbung werden eigentlich alle Farben akzeptiert, wobei bei den mehrfarbigen Exemplaren eine weiße Blesse und Rutenspitze sehr erwünscht sind. Die am häufigsten zu sehenden Farben sind Schwarz,

Shih Tzus sind kleine Hunde, und diese beiden entzückenden Welpen ergeben gerade eine „Handvoll"-Hund.

Der Shih Tzu ist kein pflegeleichter Hund. Für ein perfektes Aussehen ist eine tägliche Fellpflege erforderlich.

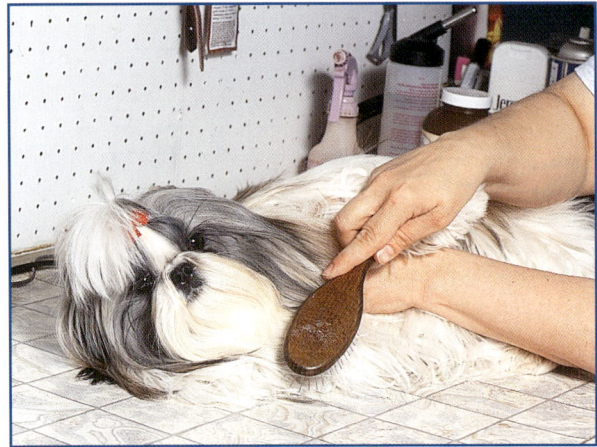

Obwohl der Shih Tzu ursprünglich für das Palastleben gezüchtet wurde, ist er ein energiegeladener Hund, der gerne im Freien spielt. Ein aktiver Shih Tzu ist ein glücklicher Hund.

gemaßnahmen herum kommen. Ein Ausstellungsexemplar muß ein langes, fließendes Fell aufweisen, das wie die Schleppe eines Brautkleides auf dem Boden aufliegt. Dies ist für jemanden mit einem relativ hektischen Lebensstil alles andere als praktisch. Gehören Sie jedoch zu den Menschen, die die tägliche Fellpflege ihres Hundes als entspannend und therapeutisch erachten, dann ist ein Shih Tzu genau der richtige Hund für Sie. Für diejenigen, die zwar Liebhaber der Rasse sind, andererseits aber nicht die Zeit und Geduld für diese aufwendige Körperpflege aufbringen können, lassen sich verschiedene „Haarschnitte" empfehlen, die das Ganze erheblich vereinfachen – vorausgesetzt, Ihr Hund ist kein Ausstellungsteilnehmer.

Aber auch dann ist das mehrmalige Bürsten und einmalige Baden pro Woche nicht zu vermeiden, denn anderenfalls verfilzt das Fell und wird somit unansehnlich. Und selbst wenn Sie Ihrem Shih Tzu einen Kurzhaarschnitt verpassen, werden Sie das Fell alle vier bis sechs Wochen nachschneiden müssen.

Die Fellstruktur des Shih Tzu entspricht in vielerlei Hinsicht dem menschlichen Haar und erfordert das gleiche Maß an Auf-

Schwarz-Weiß, Grau-Weiß, Rot-Weiß und Gold. Der Shih Tzu besitzt ein langes dichtes Oberhaar, eine gute Unterwolle (Unterfell), und das Fell sieht fester aus als es eigentlich ist.

Wenn Sie einen pflegeleichten Hund bevorzugen, ist der Shih Tzu vielleicht nicht die richtige Wahl. Wer das Fell seines Shih Tzu in dem Zustand erhalten möchte, für das es bekannt ist, wird nicht um tägliche Pfle-

merksamkeit. Trotz all dieser Pflegeansprüche bietet das lange Fell des Shih Tzu doch einen Vorteil – die Rasse haart bemerkenswert wenig!

Verhalten und Persönlichkeit des aktiven Shih Tzu

Diese beiden Qualitäten sind nur schwer zu verallgemeinern, selbst innerhalb ein und der selben Rasse. Dennoch kann man den Shih Tzu generell als aufgeweckten, freundlichen, intuitiven und menschbezogenen Hund beschreiben. Er gehört nicht zu den Rassen, die man überwiegend im Zwinger hält (wenn es eine solche Rasse überhaupt gibt), denn diese Hunde verlangt es nach einem regelmäßigen Kontakt mit Menschen.

Im Bezug auf die Persönlichkeit und das Verhalten kann man beim Shih Tzu auf einige Extreme stoßen, weshalb Sie schon bei der Auswahl Ihres Welpen unbedingt auf vorhandene Anzeichen für sich möglicherweise entwickelnde Verhaltensstörungen achten sollten. Diese Hunde, die ursprünglich als Palasthunde gezüchtet wurden, sind heute kleine robuste Tiere, die ihrem Halter auf Schritt und Tritt folgen. Sie sind reinste Energiebündel, gehören aber trotzdem nicht zu den hyperaktiven Hunden. Sie lieben das Spielen mit Menschen sowie anderen Haustieren und vertragen sich gewöhnlich sehr gut mit Kindern. Die heutigen Shih Tzus haben nicht mehr viel mit ihren Vorfahren gemeinsam.

Weil diese Hunde sehr energiegeladen sind, können sie in der Wohnung großen Schaden anrichten, wenn sie keine gute Erziehung genießen. Zu diesem Zweck sollten Sie sich mit Ihrem Hund einer geeigneten Hundeschule anschließen, denn wie

alle Hunde neigt auch der Shih Tzu zu einem rüpelhaften Verhalten, wenn er nicht mit Hilfe des korrekten Trainings lernt, wo die Grenzen zu einem unakzeptablen Benehmen liegen.

Viele Shih Tzus werden wie Schoßhunde behandelt und lieben es, den Tag auf dem Bett oder der Couch liegend zu verschlafen. Da diese Hunde aber eigentlich ausgezeichnete Arbeitshunde abgeben, ist das nicht gerade der Lebensstil, den der Shih Tzu auf Dauer bevorzugt. Das mag Ihnen aufgrund seiner geringen Größe

... und denken Sie dran

Achten Sie stets darauf, daß das Fell des ausgewählten Welpen gesund aussieht. Es sollte glänzen und am Körper anliegen, niemals jedoch stumpf und struppig wirken. Kahle Stellen weisen auf Hauterkrankungen hin.

zweifelhaft erscheinen, jedoch entspricht es genau den Tatsachen – schließlich haben diese Hunde nicht nur faul in Palästen und Tempeln herumgelegen, sondern diese mit viel Einsatz bewacht. Sie müssen mit Ihrem Shih Tzu nicht jeden Tag lange Spaziergänge unternehmen, aber die Teilnahme an gemeinsamen Familienaktivitäten ist ihm jederzeit eine willkommene Abwechslung.

Ausstellungshunden wird in der Regel ein anderer Lebensstil aufgezwungen. Um das lange Fell nicht zu schädigen und das allgemeine glamuröse Aussehen ihrer Hunde

Shi Tzus sind die reinsten Energie-bündel. Obwohl viele wie Schoßhunde behandelt wer-den, liebt er doch Aktivitäten und Spaziergänge mit der ganzen Familie.
Foto: Robert Smith

nicht zu gefährden, erlauben die meisten Züchter und Halter ihren Ausstellungs-hunden nicht das Herumrennen und Spie-len im Park oder das Schwimmen im Pool oder anderen Gewässern. Das Ergebnis davon wäre ein schier unglaublicher

Arbeits- und Zeitaufwand, um das Fell wieder in einen wettbewerbsfähigen Zustand zu versetzen. Glücklicherweise unterliegt der Shih Tzu als Haushund keinem solch strengen Reglement.

In jedem Fall können Sie davon ausgehen, daß ein wohlerzogener, gepflegter und geliebter Shih Tzu mit Sicherheit ein wertvolles Familienmitglied ist. Er der ideale Begleiter auf Spaziergängen und beim Joggen sowie gut zur Ausbildung für Aufgaben in verschiedenen sozialen Bereichen geeignet. Mit Hilfe des korrekten Trainings wird er Ihnen darüberhinaus ein loyaler und verläßlicher Beschützer sein.

Falls Sie sich für die Teilnahme an Hundesportarten interessieren, bieten die bereits erwähnten Hundeschulen eine reichhaltige Auswahl an Trainingsarten, für die sich auch Ihr Shih Tzu eignet – die Ausbildung zum Ausstellungshund, das Gehorsamstraining und das Spürhundtraining sind nur einige Beispiele dafür.

... und denken Sie dran

Egal ob Sie nun einen Shih Tzu als Haushund oder zum Züchten suchen, achten Sie stets darauf, daß Sie vom Züchter einen Gesundheitspaß für Ihren Welpen bekommen. Wählen Sie nur einen Welpen aus einer Zuchtlinie, die nachweislich frei von genetisch bedingten Krankheiten ist.

Was Sie wissen müssen, um den besten Shih Tzu zu finden

Den besten Shih Tzu finden Sie nicht durch Zufall und auch nicht ohne das nötige Hintergrundwissen darüber, worauf Sie bei der Auswahl ganz besonders achten sollten. Die Erfahrung, einen Hund mit genetisch bedingten Gesundheitsproblemen oder Verhaltensstörungen erworben zu haben, macht meistens der, der seinen Welpen impulsiv und rein nach dessen äußerem Erscheinungsbild ausgewählt hat, ohne dabei zu beachten, auf was es wirklich ankommt.

... und denken Sie dran

Lassen Sie sich niemals von anderen zum Kauf eines bestimmten Welpen überreden, wenn Sie nicht selbst der Meinung sind, daß dieser auch Ihrer persönlichen Wahl entspricht. Geschmäcker sind nun einmal verschieden, und von der Richtigkeit Ihrer Wahl muß niemand außer Ihnen selbst überzeugt sein.

Die nächsten Seiten dieses Buches sollen Ihnen, dem interessierten zukünftigen Besitzer eines Shih Tzu, eine nützliche Hilfe bei der richtigen Auswahl Ihres neuen Gefährten sein.

Kürzlich wurde eine Studie durchgeführt um zu ergründen, ob die Schwere und Häufigkeit von Haltungsproblemen eventuell im Zusammenhang damit steht, ob das Tier aus dem Tierhandel, von einem Züchter, privaten Vorbesitzer oder aus einem Tierheim stammt. Überraschenderweise konnten dabei keine auffälligen Unterschiede in der Häufigkeit auftretender Probleme festgestellt werden, dafür erwiesen sich jedoch ganz spezifische Schwierigkeiten als stark von der Bezugsquelle abhängig. Somit können Sie sich genau genommen auf keine dieser Bezugsadressen hundertprozentig verlassen, denn es gibt einfach keine Standards, an die sich Ihr Urteilsvermögen generell halten kann.

Die meisten Tierärzte werden zum Kauf bei einem „guten" Züchter raten, doch gibt es keinen sicheren Weg, einen solchen einwandfrei unter vielen herauszufinden, es sei denn, Sie haben bereits persönliche Erfahrungen auf diesem Gebiet gesammelt. Die Tatsache, daß ein Züchter bereits einen oder mehrere Champions hervorgebracht hat, ist noch lange keine Garantie dafür, daß er nicht auch hier und da Tiere mit genetischen Defekten unter seinen Welpen hat.

Die beste Quelle ist daher die, bei der regelmäßig genetische Untersuchungen an den Eltern und Welpen durchgeführt werden und deren Dokumentation der Käufer einsehen kann. Wer einen Familien- oder Haushund sucht, sollte sich keine Gedanken darüber machen, ob der erwählte Welpe Ausstellungsqualitäten besitzt. Ein kleiner Makel hier oder da, der das Tier als einen Ausstellungsgewinner disqualifizieren würde, hat keinerlei Einfluß auf dessen Eignung zu einem liebenswerten und gesunden Haushund. Außerdem werden viele in

Privathand befindliche Hündinnen sowieso sterilisiert und nicht zur Zucht verwendet. Sie sollten sich also eher auf die Merkmale konzentrieren, die für Sie persönlich die wichtigsten sind.

Was braucht ein Shih Tzu?

Bevor Sie sich zum Kauf eines Shih Tzu aus guter Quelle entscheiden, sollten Sie sich bereits einige Gedanken darüber gemacht haben, was Ihr neuer Hausgenosse alles benötigt, um sich richtig wohl zu fühlen. Der Shih Tzu stellt auch als kleiner Hund nicht zu unterschätzende Platzansprüche. Neben dem regelmäßigen Auslauf mit Ihnen im Freien braucht er auch eine gewisse Bewegungsfreiheit in der Wohnung, also einen

Diese Welpen sind unwiderstehlich, und die Auswahl ist eine schwere Entscheidung. Vergewissern Sie sich, daß Ihr Welpe aus einer aus genetischen Krankheiten freien Zuchtlinie stammt.

Teil eines Raumes, in dem er ausgelassen spielen kann. Außerdem wird ein fester Schlafplatz benötigt, wo sich der Hund sicher fühlt und den er jederzeit aufsuchen kann. Hier wird auch das Hundebett plaziert, das zum Einen der Größe des Hundes angepaßt sein muß und zum Anderen eine herausnehmbare, waschbare Unterlage haben sollte. Der Fachhandel bietet in dieser Hinsicht eine reichhaltige Auswahl an verschiedensten Formen und Materialien.

Neben dem festen Schlafplatz sollte dem Tier auch ein permanenter Freßplatz eingerichtet werden, beispielsweise in der Küche. Hier haben Freß- und Wassernapf ihre festen Plätze; beide sollten aus einem leicht zu reinigenden Material bestehen und rutschfest sein. Der Wassernapf muß dem Hund unbedingt jederzeit zugänglich sein. Es empfiehlt sich, für den Shih Tzu kleinere Näpfe auszuwählen, damit sein langes Gesichtshaar beim Fressen nicht ständig im Futter hängt.

Natürlich gehören auch ein Halsband und eine Leine zur Grundausstattung Ihres Hundes. Beide sollten ebenfalls der Größe des Tieres entsprechen und aus Leder oder einem reißfesten Textilmaterial sein. Für viele größere Hunde wird eher zu einem Kettenhalsband mit unbegrenzter Zugwirkung zu raten, denn es erleichtert die Kontrolle des Hundes bei der Leinenführung. Für den Shih Tzu ist jedoch ein Leder- oder Textilhalsband besser geeignet, denn sein langes Fell würde sich in den Kettengliedern der Zugkette verfangen und ausgerissen werden. Das Halsband darf keinesfalls zu eng sein, sollte jedoch auch nicht so weit sein, daß der Hund es mit den Pfoten abstreifen kann. Kettenhalsbänder sind generell in der Wohnung oder beim Spielen im Garten abzunehmen, denn sie bergen die Gefahr, daß der Hund damit an Gegenständen hängenbleibt und sich bei dem Versuch, sich zu befreien, stranguliert.

Nicht zuletzt braucht Ihr Shih Tzu etwas, womit er sich beschäftigen kann – Spielzeug. Wenn Sie verhindern wollen, daß

Bevor Sie sich zum Kauf eines Shi Tzu entschließen, sollten Sie sich Gedanken darüber machen, was das zukünftige Familienmitglied braucht und welche Ansprüche es stellt.
Foto: Mrs. Jun Saunders, Zwinger Camglia

sich Ihr Hund an Möbeln, Teppichen, Kleidungsstücken oder dem Spielzeug Ihrer Kinder vergreift, dann sollten Sie ihm sein eigenes Spielzeug zur Verfügung stellen. Auch hier bietet der Fachhandel eine große Auswahl, die den Kunden vor die Qual der Wahl stellt. Die wichtigsten Punkte bei der Entscheidung für ein Spielzeug sind jedoch die, daß es groß genug sein muß, um nicht verschluckt werden zu können, andererseits aber im Vergleich mit der Körpergröße des Hundes auch nicht zu groß oder zu schwer sein darf. Das Spielzeug sollte unbedingt aus einem gesundheitlich unbedenklichen Material hergestellt sein, das nicht zerbrechen kann und keine spitzen oder scharfen Kanten hat oder das Wohlergehen des Hundes in anderer Weise gefährdet.

Das Wichtigste aber ist, daß Sie Ihrem Shih Tzu die Zeit und Aufmerksamkeit widmen können, die er verlangt. Regelmäßige Spaziergänge und anderweitige Bewegung im Freien sind ausgesprochen wichtig. Es reicht nicht aus, ihn nur hin und wieder an die nächste Straßenecke zu führen, wo er sein „Geschäft" erledigen kann. Ein Hund wie der Shih Tzu braucht tägliche Bewegung im Freien.

Medizinische Untersuchung

Ob Sie sich nun an einen Züchter, ein Tierheim oder den Tierfachhandel wenden, die Zielsetzung sollte stets dieselbe sein: Sie möchten einen Shih Tzu finden, der gut in die Familie paßt und der auf medizinische und verhaltensbedingte Probleme untersucht werden kann, bevor Sie sich endgültig für ihn entscheiden. Wenn der betreffende Verkäufer solche Untersuchungsergebnisse nicht vorweisen kann, sollten Sie sich in jedem Fall eine Gesund-

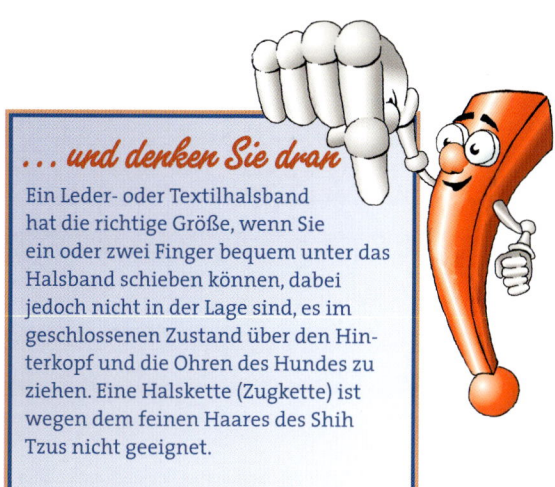

... und denken Sie dran

Ein Leder- oder Textilhalsband hat die richtige Größe, wenn Sie ein oder zwei Finger bequem unter das Halsband schieben können, dabei jedoch nicht in der Lage sind, es im geschlossenen Zustand über den Hinterkopf und die Ohren des Hundes zu ziehen. Eine Halskette (Zugkette) ist wegen dem feinen Haares des Shih Tzus nicht geeignet.

heitsgarantie in schriftlicher Form aushändigen lassen, die auch gleichzeitig ein der Rasse entsprechendes Temperament und Verhalten bestätigt. Im Normalfall wird ein seriöser Züchter ein solches Schriftstück mit den dazugehörigen Zuchtpapieren aushändigen, ohne daß der Käufer erst dreimal darum bitten muß. Aber auch jeder Andere, der Welpen zum Verkauf anbietet, sollte gewöhnlich nichts dagegen haben, wenn Sie das Tier erst einem Tierarzt vorführen möchten, bevor Sie sich letztendlich zum Kauf entschließen. Werden Ihnen die Papiere oder die Möglichkeit zu einem Gesundheitstest verweigert, sollten Sie sich besser nicht mit einer „Umtauschgarantie" zufriedengeben, sondern vielleicht doch gleich nach einer anderen Quelle Ausschau halten.

In jedem Fall sollten Sie, auch wenn Sie alle nötigen Unterlagen erhalten und sich bereits zum Kauf entschieden haben, nicht auf einen baldigen Besuch beim Tierarzt verzichten – dadurch ersparen Sie sich

Die Welt ist riesig groß für einen Shih Tzu. Ihr Welpe sollte nicht im Freien spielen, solange er keinen ausreichenden Impfschutz hat und auch dann nie ohne Aufsicht sein.
Foto: Linda Reinelt-Gebauer

unter Umständen eine spätere Enttäuschung, und die mit einer Rückgabe des Tieres verbundenen Querelen. Findet ein solcher „Umtausch" nicht innerhalb von ein oder zwei Wochen nach dem Kauf statt, wird wohl auch ein guter Züchter nicht widerstandslos darauf eingehen.

Der Begriff „Reinrassig" wird oft einfach dahingehend interpretiert, daß keine andere Rasse in die Zuchtlinie eingekreuzt wurde. Er zeichnet sich jedoch auch dadurch aus, daß keine oder zumindest keine eng miteinander verwandten Tiere derselben Rasse verpaart wurden, wie z.B. der Vater mit der Tochter oder die Mutter mit dem Sohn sowie Geschwister untereinander. Ein zuverlässiger Züchter händigt dem Käufer gewöhnlich mit den Zuchtpapieren einen Stammbaum aus. Diese Ahnentafel gibt dem Käufer Auskunft über die Abstammung seines Hundes und reicht gewöhnlich drei bis vier Generationen zurück. Desweiteren sind dem Stammbaum das Wurfdatum, die Zuchtbuchnummer, das Geschlecht, die Daten der Elterntiere, Großeltern und so weiter zu entnehmen. Bei Hunden aus den Zuchtverbänden angeschlossenen Zuchten, die die Anerkennung der FCI besitzen, findet sich auch die Abkürzung FCI und die des Landesverbandes (für Deutschland VDH). Wer daran interessiert ist, seinen Hund auf Ausstellungen vorzuführen, muß unbedingt darauf achten, daß diese Abkürzun-

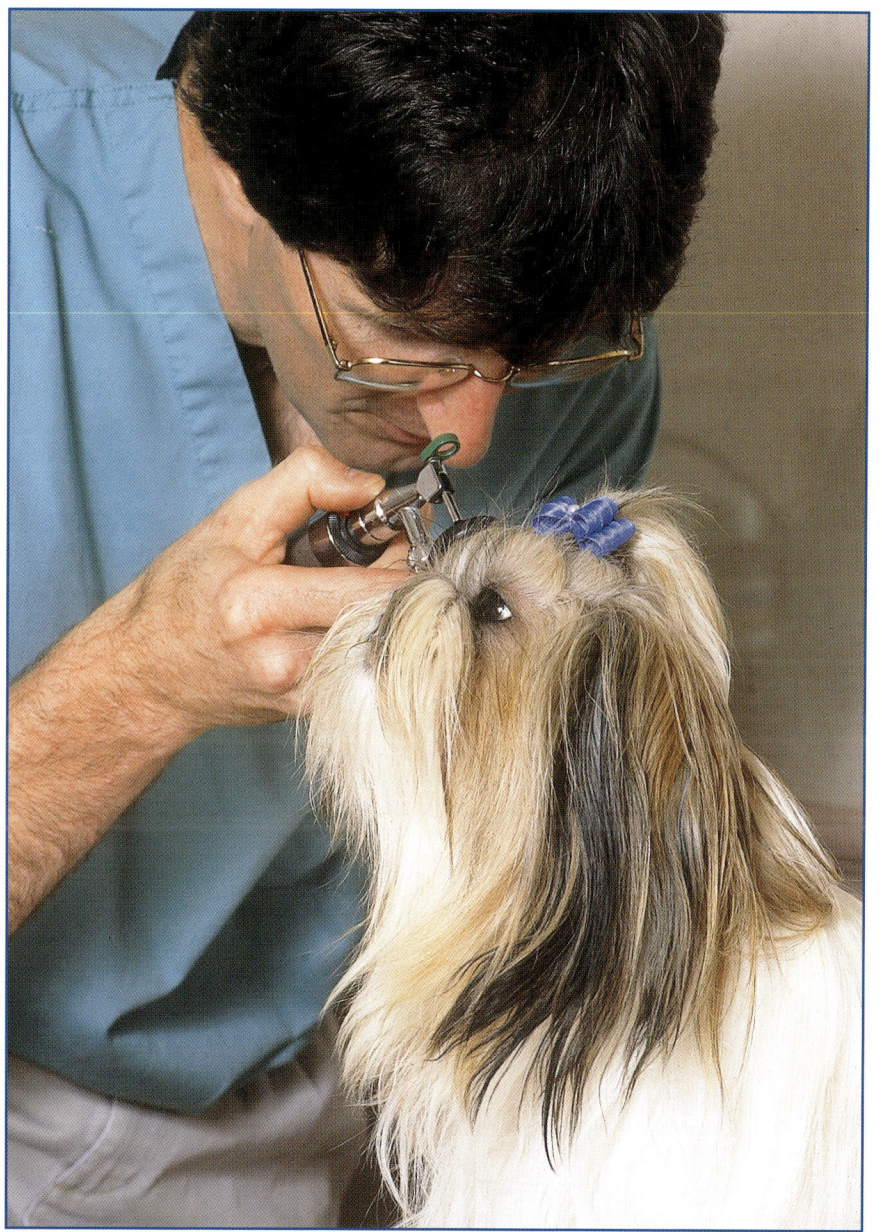

Shih Tzus sollten regelmäßig auf vererbte Augenkrankheiten hin untersucht werden. Derart vorbelastete Exemplare müssen von der Zucht ausgenommen werden.

gen, oder zumindest eine davon, aus der Ahnentafel ersichtlich sind, denn nur dann wird der Hund zu Ausstellungen zugelassen. Der Eintrag HDo und/oder EDo besagt, daß die Zuchtlinie frei von Hüft- und/oder Ellbogengelenksdysplasie ist. Eine entsprechende Röntgenuntersuchung, die der Züchter bei neuen Zuchttieren durchführen läßt, ist allerdings nur bei bereits ausgewachsenen Hunden sinnvoll, und die entsprechende Eintragung kann erst bei Tieren ab einem Alter von zwei Jahren vorgenommen werden. Heute gibt es bereits

Obwohl man vermuten könnte, daß beim Shih Tzu die Anzahl der Fälle von orthopädischen Problemen niedrig ist, weil solche Krankheiten eher von großen Hunden bekannt sind, so ist die Rasse doch bei weitem nicht frei davon. Statistiken zeigen, daß 18% (!) aller untersuchten Shih Tzus unter Hüftgelenksdysplasie leiden. Deshalb ist es das Bestreben verantwortungsbewußter Züchter, durch vorsorgliche Untersuchungen und Tests sicherzustellen, daß es nicht durch das Züchten mit diesbezüglich vorbelasteten Hunden zu einem weiteren Anstieg von Deformationen kommt. Eine mündliche Versicherung, daß keine Fälle von Hüft- und/oder Ellbogengelenksdysplasie innerhalb seines Zuchtstammes bekannt sind, ist nicht akzeptabel und trifft eigentlich nur eine eindeutige Aussage – nämlich die, daß der betreffende Züchter diese Frage nicht mit Gewißheit beantworten kann, der Käufer somit auf eine Garantie verzichten muß und besser beraten ist, sich an einen anderen Züchter zu wenden.

Dieser prächtige Shi Tzu ist für die Ausstellung gerüstet und macht sicher auch einen Preis. Foto: C. Vorderstemann

Alle Shih Tzus sollten eine noch zuverlässigere Untersuchungsmethode in Form eines DNA-Tests, der auch bei jüngeren Hunden durchgeführt werden kann. Leider ist das bisher allerdings nur in bestimmten, speziell dafür ausgestatteten Instituten möglich und derzeit noch so kostspielig, daß sich nur wenige Züchter eine solche Untersuchung leisten.

außerdem auf die Von-Willebrand-Krankheit hin untersucht werden. Hierfür ist ein einfacher Bluttest ausreichend, und gerade weil die Anzahl der Krankheitsfälle in der Rasse hoch genug ist, gibt es keine Entschuldigung dafür, wenn der Züchter diese Vorsorgeuntersuchung vernachlässigt. Der Tierarzt sollte außerdem eine gründ-

Die Fellpflege des Shi Tzu ist etwas aufwendiger, auch wenn Sie nicht zu Ausstellungen gehen wollen und seine Haare deshalb kürzen lassen.
Foto: Archiv bede-Verlag

liche Augenuntersuchung durchführen. Die häufigsten Augenerkrankungen beim Shih Tzu sind Grauer Star, Geschwürige Trichiase, Offene Keratopathie, Geschwürige Keratitis und Netzhautatrophie. Es ist ratsam, sich für einen Welpen zu entscheiden, dessen beide Elternteile auf vererbbare Augenkrankheiten hin untersucht und als „sauber" erklärt wurden. Auch hierbei sollten Sie sich besser auf eine schriftliche Bestätigung als auf eine mündliche Aussage verlassen.

Verhaltenstests

Medizinische Untersuchungen sind wichtig, jedoch sollten Sie darüber keinesfalls das Temperament eines Hundes vergessen. Es werden jährlich mehr Hunde aufgrund von Verhaltensstörungen einge-

schläfert als infolge physischer Gesundheitsprobleme. Verhaltenstests sind daher

... und denken Sie dran

Die meisten Welpen werden in einem Alter zwischen 6 und 8 Wochen zum Verkauf freigegeben. Achten Sie unbedingt darauf, daß Sie einen Impfpaß ausgehändigt bekommen, in dem die dem Alter des Hundes entsprechenden, bereits verabreichten Impfungen eingetragen sind. So erhalten Sie einen Überblick, welche Impfungen der Welpe noch und wann erhalten muß.

Ihr zukünftiger Welpe sollte nicht nervös oder besonders ängstlich sein. Dies könnte auf eine Verhaltensstörung hindeuten.
Foto: Robert Smith

ein wichtiger, wenn auch nicht unfehlbarer Bestandteil der Grunduntersuchung. Die Begründung dafür liegt einfach in der Tatsache, daß viele Hunde letztendlich getötet werden müssen, weil sie plötzlich ein unberechenbares Verhalten zeigen. Obwohl nicht alle Verhaltensanlagen bereits beim Welpen erkennbar sein müssen – eine Neigung zur Aggressivität braucht beispielsweise oftmals viele Monate, um sich zu entwickeln – können nervöse und/oder ängstliche Welpen meistens schon sehr früh erkannt und somit gemieden werden. Die korrekte Identifizierung solcherlei

Anzeichen ist deshalb bei der Auswahl eines Tieres von großer Wichtigkeit.

Die am deutlichsten erkennbaren Anzeichen für Verhaltensstörungen bei Welpen sind Angst, leichte Erregbarkeit, eine niedrige Schmerzschwelle, extreme Unterwürfigkeit und eine erhöhte Geräuschempfindlichkeit. Die Bewertung des Temperaments eines Welpen kann bereits im Alter von sieben bis acht Wochen relativ zuverlässig erfolgen. Einige Verhaltensforscher, Züchter und Hundetrainer raten zu einer objektiven Verhaltenstestreihe, bei der das Tier in verschiedenen Kategorien bewertet wird. Andere stehen diesen Tests eher gleichgültig gegenüber, da auch sie eigentlich nur grobe Anhaltspunkte liefern.

Generell wird ein solcher Test in drei Phasen und von einer Person durchgeführt, die dem Welpen unbekannt ist. Die Untersuchung darf jedoch nicht innerhalb von 72 Stunden nach einer Impfung oder einer Operation stattfinden. Zuerst wird der Welpe in der Gruppe beobachtet und gehandhabt, um so sein Sozialverhalten zu testen. Werden dabei offensichtliche Anzeichen für ein gestörtes Sozialverhalten entdeckt – Schüchternheit, Hyperaktivität oder unkontrolliertes Beißen – ist das Tier wahrscheinlich ungeeignet. Anschließend wird der Welpe von seinen Eltern und Geschwistern getrennt und beobachtet, wie er reagiert, wenn mit ihm gespielt und er beim Namen gerufen wird. In der dritten Testkategorie wird er dann auf verschiedene Art stimuliert, und es werden seine Reaktionen verfolgt. Dazu gehören Übungen, wie den Welpen auf die Seite zu legen, das Fell zu bürsten und die Krallen anzufassen, ein vorsichtiger Griff um die Schnauze sowie die Reaktionen auf unbekannte Geräusche.

Bei einer Studie, die in der psychologischen Abteilung der Staatlichen Universität von Colorado durchgeführt wurde, stellte sich heraus, daß in dieser dritten Testphase auch der Herzschlag einen guten Anhaltspunkt bietet. Dazu wird zunächst die Anzahl der Herzschläge im Ruhezustand ermittelt, anschließend werden

Bei Verhaltenstests wird auch das Sozialverhalten des Hundes geprüft. Diese beiden haben anscheinend keine Probleme miteinander.
Foto: Archiv
bede-Verlag

... und denken Sie dran

Bevor Sie sich zum Kauf eines bestimmten Welpen entschließen, bitten Sie den Züchter darum, etwas Zeit mit dem Hund verbringen zu dürfen. Nehmen Sie ihn hoch, spielen Sie mit ihm und beobachten Sie dabei aufmerksam sein Verhalten und seine Reaktionen. Sind Sie mit dem Ergebnis nicht zufrieden, schauen Sie sich besser nach einer Alternative um.

die Tiere durch ein lautes Geräusch stimuliert und dann gemessen, wie lange das Herz bis zum Wiedererreichen der normalen Schlagfolge in Ruhestellung benötigt. Im Durchschnitt erholten sich die Welpen innerhalb von 36 Sekunden von ihrem Schreck. Solche, die erheblich länger brauchten, um sich wieder zu beruhigen, wurden als zur Ängstlichkeit neigend eingestuft. Die Beurteilung solcher Testreihen findet in numerischer Form statt, wobei meistens elf verschiedene Übungen bewertet werden. Die „1" wird für besonders hervorzuhebende, positive Reaktionen und Verhaltensweisen vergeben, wohingegen das Bekunden von Desinteresse, Kontaktarmut und Passivität mit der schlechtesten Benotung, der „6", bedacht werden. Zu den zu testenden Verhaltensweisen gehören das Sozialverhalten gegenüber Menschen, Folgsamkeit, Zurückhaltung, soziale Dominanz, ob und wie sich das Tier durch den Prüfer vom Boden hochnehmen läßt, Apportieren, Berührungsempfindlichkeit, Geräuschempfindlichkeit, Jagdinstinkt sowie der Energiegrad. Obwohl diese Tests keinen zuverlässigen Aufschluß über das tatsäch-

liche Temperament des Welpen geben, liefern sie dennoch wichtige und damit praktisch brauchbare Anhaltspunkte zu bestimmten Verhaltensanlagen. Sie ermöglichen somit auch das Erkennen von Tieren, die zu extremen Verhaltensweisen neigen.

Organisationen, die Sie kennen sollten

Die Rasse des Shih Tzu genießt heute internationale Anerkennung durch folgende Institutionen: FCI (Fédération Cynologique Internationale), AKC (American Kennel Club), UKC (United Kennel Club), TKC (The Kennel Club of Great Britain), CKC (Canadian Kennel Club) und VDH (Verband für das Deutsche Hundewesen e.V.). Die letztgenannte Institution ist der nationale Hundezuchtverband Deutschlands, dem mehr als 140 Rassezuchtvereine angeschlossen sind und der in Dortmund ansässig ist. Er ist außerdem der mitgliederstärkste Verein des FCI und verantwortlich für die Führung von Zuchtbüchern, die Organisation von Ausstellungen, Leistungsprüfungen und die Präsentation aller Hunderassen. Allein in Deutschland sind 59 Rassen aus den Zuchten hervorgegangen, und auch in der Gebrauchshundklasse sind deutsche Rassen weltweit führend.

Die FCI ist die Dachorganisation in der Hundezucht und repräsentiert eine Vielzahl von Ländern. Dabei handelt es sich im Besonderen um die Staaten Europas, die gemeingültige Regeln für die Anerkennung der Rassen und die Zucht erlassen haben. Aufgrund der Anerkennung der einzelnen Rassen innerhalb der Mitgliedsländer der FCI umfaßt das dort geführte Register etwa 400 verschiedene Rassen. Jede dieser Rassen konkurriert um diverse internationale Championate.

Verband für das Deutsche Hundewesen e.V. (VDH)
Westfalendamm 174
44141 Dortmund
www.vdh.de

Internationaler Shih Tzu Club e.V.
www.shih-tzu-club.de

Club für exotische Rassehunde e. V.
www.c-e-r.de

Fédération Cynologique Internationale (FCI)
13 Place Albert I
B – 6530 Thuin/Belgien
www.fci.be

Deutscher Tierschutzbund
Baumschulallee 15
53115 Bonn
www.tierschutzbund.de

Registrierung von Hunden TASSO e.V.
www.tasso.net

Foto: R Klaar

Worüber Sie täglich entscheiden müssen, um einen Shih Tzu ein Leben lang gesund zu erhalten

Bei der Aufzucht eines gesunden Shih Tzu ist die Ernährung natürlich einer der wichtigsten Punkte. Es handelt sich hierbei jedoch auch um ein vielfach umstrittenes Thema zwischen Züchtern, Tierärzten, Hundehaltern und Hundefutterherstellern. Allerdings haben viele der dabei gebrauchten Argumente einen eher kommerziellen als wissenschaftlichen Hintergrund.

Werfen wir zuerst einen Blick auf die vielen Hundefutterarten und untersuchen dann die Bedürfnisse unserer Hunde. Dieses Kapitel befaßt sich wiederum mehr mit dem Shih Tzu als „Haushund" und weniger mit dem Ausstellungshund.

Es ist sehr wichtig, darauf hinzuweisen, daß keinesfalls rohes Schweinefleisch an den Shih Tzu verfüttert werden darf, da durch ein Herpesvirus – in der Fachsprache Aujeszky Krankheit genannt – auftreten kann.

Kommerzielles Hundefutter

Für den Hersteller von kommerziellen Futterarten sind zwei Grundfaktoren ausschlaggebend – wie gewinnt man den Verbraucher für das Produkt und erfüllt gleichzeitig die spezifischen Ansprüche der Hunde. Einige Produkte werden wegen ihres hohen Proteingehalts hervorgehoben, andere beinhalten „spezielle Zutaten" und wieder andere verkaufen sich, weil sie eben bestimmte Stoffe nicht enthalten, wie beispielsweise Konservierungsstoffe oder Sojamehl.

Der Verbraucher, also in unserem Fall der Hundehalter, wünscht sich ein Futter, das die speziellen Bedürfnisse seines Hundes deckt, preiswert ist und keine, oder zumindest möglichst wenige unerwünschte Folgeerscheinungen verursacht. Die meisten kommerziellen Arten werden als Trocken-, halbfeuchtes oder in Büchsen abgefülltes Futter angeboten.

Das Trockenfutter in Form von Pellets oder Flocken ist das ökonomischste, weist den niedrigsten Fettgehalt auf und ist am längsten haltbar. Büchsenfutter ist vergleichsweise teuer, enthält gewöhnlich neben mindestens 75% Wasser auch den höchsten Fettanteil und besitzt darüberhinaus, geöffnet, die kürzeste Halt-

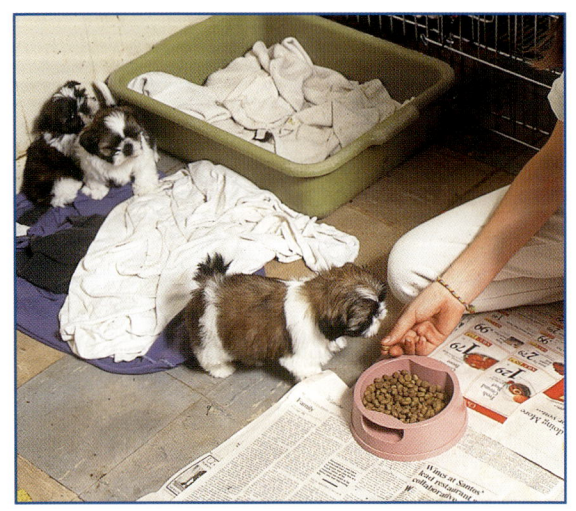

Welpen sollten ab dem Alter von zwei Monaten spezielles Welpenfutter erhalten. So erhalten sie alle Nährstoffe, die sie für ein gesundes Wachstum brauchen.

Links: Welpen erhalten von ihrer Mutter wertvolle Kolostralmilch. Diese ist reich an Antikörpern und schützt die Welpen während ihrer ersten Lebenswochen vor Infektionen.

Ein gesunder Shih Tzu benötigt ein nährstoffreiches Futter. Eine ausgewogene Ernährung spiegelt sich im Erscheinungsbild des Hundes wieder.

barkeitsdauer. Halbfeuchte Futterarten sind ebenfalls teuer und aufgrund ihres hohen Zuckergehaltes nicht generell für Hunde zu empfehlen.

Beim Kauf von kommerziellen Futtersorten sollte unbedingt darauf geachtet werden, daß nicht nur die Zusammenstellung der enthaltenen Nährstoffe ausgewogen ist, sondern auch darauf, daß diese Zusammenstellung dem Alter und damit den individuellen Bedürfnissen des Hundes entspricht. Alte Hunde benötigen eine andere Nährstoffzusammensetzung als erwachsene, Junghunde oder Welpen. Außerdem sollte dem Aufdruck der Verpackung neben den Hinweisen, für welche Altersstufen das Futter geeignet ist und einer Aufstellung der Inhaltsstoffe nebst deren Nährwerten, auch eine Anleitung zu den Portionierungen zu entnehmen sein – Gewicht des Hundes = Gramm Futter pro Tag.

Die wichtigsten Grundregeln für eine gesunde Ernährung sind abgesehen von der Auswahl des richtigen Futters und dem Verabreichen geeigneter Portionen: kein zu kaltes oder zu heißes Futter, Futterreste sofort aus dem Napf entfernen, sobald der Hund zu fressen aufhört, kein rohes Fleisch verfüttern, ständig frisches Wasser zur Verfügung stellen und Ruhe nach den Mahlzeiten.

Ernährung von Welpen

Kurz nach ihrer Geburt, zumindest jedoch innerhalb von 24 Stunden danach, sollte die Hündin beginnen, ihre Welpen zu säugen. Die Erstmilch (Kolostralmilch) ist stark mit Antikörpern angereichert und bewahrt die Welpen so innerhalb ihrer ersten Lebensmonate vor Infektionskrankheiten. Welpen sollten mindestens sechs Wochen

lang gesäugt werden, bevor die endgültige Entwöhnung stattfindet. Mit den ersten Beifütterungen kann bereits im Alter von drei Wochen begonnen werden. Spätestens ab einem Alter von zwei Monaten sollten die Welpen mit speziellem Welpenfutter ernährt werden. Sie befinden sich nun in einem wichtigen Wachstumsalter, weshalb sich ein in dieser Zeit entstehender Nährstoffmangel oder eine Unausgewogenheit stärker niederschlägt und größeren Schaden anrichtet als in jedem anderen Alter. Das heißt mit anderen Worten, Überfütterungen sind genauso zu vermeiden wie Verabreichungen von speziellen Leistungsfutterarten. Das Überfüttern eines Shih Tzu führt zu Übergewicht, das wiederum ernsthafte Schäden am Knochengerüst führt und Osteochondrose und Hüftgelenksdysplasie begünstigen kann.

Das spezielle Welpenfutter sollte bei Shih Tzu-Welpen bis zu einem Alter von neun bis zwölf Monaten beibehalten werden. Generell ist bis zur Umstellung von Welpenfutter auf eines für erwachsene Hunde zu einer dreimaligen Fütterung pro Tag zu raten. Danach können die Fütterungen dann auf zwei- oder auch einmal täglich umgestellt werden, wobei zwei Mahlzeiten pro Tag der Vorzug zu geben ist. Sie sollten allerdings nur dann auf eine Futtersorte für adulte Hunde umstellen, wenn sie keines finden, daß speziell für Junghunde (1 bis 2 Jahre) gedacht ist. Im Zweifelsfall ist es jedoch das Beste, Ihren Tierarzt nach der richtigen Futterzusammensetzung und -menge zu befragen.

Sie sollten stets daran denken, daß Welpen und Junghunde eine ausgewogene Ernährung brauchen. Sie sollten sich deshalb aber nicht dazu verleiten lassen, dem

Futter willkürlich Protein-, Vitamin- und/oder Mineralstoffgaben beizumischen. Kalziumbeigaben haben in zu hohen und zu häufigen Dosierungen, besonders bei größeren Hunderassen, bereits in vielen Fällen zu Knochen- und Knorpeldeformationen geführt. Die kommerziellen Welpenfutter sind generell mit größeren Kalziummengen angereichert, weshalb ein zusätzliches Dazufüttern meistens in eine Überdosierung ausartet. Es ist heute mehr als bewiesen, daß ein solches Zuviel des Guten zu schweren Schädigungen beim heranwachsenden Hund führt.

Futter für den erwachsenen Hund

Das Ernährungsziel bei erwachsenen Hunden ist „zu erhalten". Mit anderen Worten ausgedrückt – der Hund hat die Wachstumsphase hinter sich und ist hoffentlich zu einem gesunden und gut gebauten Hund herangewachsen, was jedoch nicht heißt, daß er nun mit minderwertigem Futter oder „Küchenabfällen" ernährt werden kann, ohne dabei auf Dauer Schaden zu nehmen. Das Futter muß nach wie vor ausgewogen sein, kann jedoch weniger der speziellen Inhaltsstoffe für ein gesundes Wachstum enthalten. Der Organismus eines erwachsenen Hundes stellt andere Ansprüche als der eines Welpen, was bei der Zusammenstellung von kommerziellen Futterarten vom Hersteller berücksichtigt wird. Wir wollen, daß der gesunde Hund auch gesund erhalten wird und versorgen ihn deshalb mit einem seinen Bedürfnissen angepaßten Futter und seinem Gewicht sowie Aktivitätsgrad entsprechenden Portionen, damit es weder zu einem zu starken Gewichtsabbau noch zu Übergewicht kommt.

Die Tatsache, daß der erwachsene Hund nicht mehr wächst, hat nicht zu bedeuten, daß er deshalb bei einer falschen oder unausgewogenen Ernährung keinen Schaden nimmt. In diesem Fall ist es jedoch so, daß die dadurch auch bei ihm entstehenden Probleme länger im Verborgenen bleiben und, werden sie letztendlich doch bemerkt, nur noch sehr schwer oder überhaupt nicht mehr zu beheben sind. Also, auch bei einem erwachsenen Hund muß auf die Qualität des Futters geachtet werden, um das, was Sie im Welpenalter mit Liebe und Bedacht aufgebaut und erreicht haben, auch weiterhin zu erhalten.

Neben den Futtersorten, die hauptsächlich eine Zusammensetzung aus pflanzlichen und tierischen Stoffen aufweisen, ist gegen

Sichere und eßbare Kauspielzeuge sind eine gesunde Erweiterung der Ernährung und bereiten Ihrem Shih Tzu viel Spaß.

eine Ernährung mit Futter auf Getreidebasis nichts einzuwenden. Ganz im Gegenteil sind diese Futterarten ausgesprochen ökonomisch, und die meisten Hunde profitieren von einem Futter, das sich aus leichtverdaulichen und dennoch nahrhaften Bestandteilen zusammensetzt. Die Preise für solche Futtersorten bewegen sich im Vergleich mit den sehr teuren Super-Premium-Sorten und den sogenannten Billigfutterarten irgendwo in der

Ernährungsplan für den gesunden Shih Tzu

Junger Shih Tzu bis 12 Monate

Erhöhter Bedarf an Rohproteinen, Rohfetten und Calcium/Phosphor;
verminderter Bedarf an Kohlehydraten

Aktiver erwachsener Shih Tzu

Erhöhter Bedarf an Rohproteinen, Rohfetten und Rohfasern;
verminderter Bedarf an Kohlehydraten

Übergewichtiger Shih Tzu

Erhöhter Bedarf an Kohlehydraten und Rohfasern;
verminderter Bedarf an Rohfetten und Rohproteinen

Alter Shih Tzu

Erhöhter Bedarf an Kohlehydraten und Rohfasern;
verminderter Bedarf an Rohfetten, Rohproteinen und Phosphor/Natrium

Allergischer Shih Tzu

Hypoallergene Diät aus Lamm und Reis;
kein Soja- und Rindereiweiß, keine Weizenstärke

Mitte. Sie sollten sich jedoch stets weniger am Preis, der Bekanntheit des Herstellernamens oder am Proteingehalt allein, sondern eher an der gesamten Zusammensetzung und daran orientieren, ob das betreffende Futter den Ernährungsansprüchen Ihres Hundes gerecht wird. Im Zweifelsfall fragen Sie am besten Ihren Tierarzt um Rat.

Ansprüche im Alter

Im Alter von etwa sieben Jahren wird der Shih Tzu als alter Hund bezeichnet. Diese Phase bringt nicht nur ein etwas gezügel-teres Temperament, sondern gleichfalls einige andere Veränderungen mit sich, durch die sich auch die Ernährungsansprüche des Hundes verschieben.

Wenn Hunde in die Jahre kommen, verändert sich genau wie beim Menschen der Stoffwechsel, das heißt, er wird langsamer, und diesem Umstand muß Rechnung getragen werden.

Wenn einem älteren Hund die gleichen Portionen wie einem jüngeren verabreicht werden, resultiert das durch den verlangsamten Stoffwechsel in einer Gewichtszunahme. Übergewicht ist aber das

Letzte, was Sie speziell bei einem älteren Hund wollen, denn dadurch erhöht sich das Risiko für etliche andere Gesundheitsprobleme. Mit zunehmendem Alter verlangsamen sich auch die Funktionen der Organe – das Verdauungssystem, die Leber, Bauchspeicheldrüse und Gallenblase arbeiten nicht mehr wie bei einem jungen Hund. Das Verdauungssystem hat nun schon Probleme damit, all die Nährstoffe aus dem Futter zu extrahieren, und eine langsam voranschreitende Beeinträchtigung der Nierenfunktion ist eine völlig normale Alterserscheinung.

Der Halter eines älteren oder alten Hundes muß in erster Linie verstehen lernen, daß ein bestimmter Grad an körperlicher Degeneration im Alter etwas Normales ist, denn das ist der erste Schritt zu einer altersgerechten Ernährung. Das Ziel liegt darin, den potentiellen Schaden so gering wie möglich zu halten, indem wir das Wissen um die Alterserscheinungen bereits in die Ernährung mit einbeziehen, wenn der Hund noch gesund ist und nicht erst, wenn er bereits an den Folgen einer nicht altersgerechten Ernährung erkrankt ist.

Ältere Hunde müssen individuell behandelt werden. Während einige von den kommerziellen Seniorenhundefutterarten profitieren, bekommt anderen das extrem leichtverdauliche Welpenfutter oder die als Super- Premium bezeichneten Sorten besser. Das letztgenannte Futter beinhaltet eine hervorragende Mischung aus gut verdaulichen Zutaten und Aminosäuren, jedoch weisen einige Sorten leider einen für alte Hunde zu hohen Salz- und Phosphorgehalt auf.

Ein weiterer Punkt bei älteren Hunden ist die stärkere Anfälligkeit für Arthritis, weshalb Übergewicht unbedingt vermieden werden muß, denn es bedeutet für die Gelenke eine unnötige Belastung. Bei Hunden mit Gelenkschmerzen kann eine Anreicherung des Futters mit Fettsäuren wie einer Mischung aus Cis-Linolensäure, Gamma-Linolensäure und Eicosapentenolsäure Wunder wirken.

Andere Ernährungsansprüche

Die kleinen Leckerbissen zwischendurch sind für Hunde ein Zeichen der Verbundenheit mit dem Halter, also eine Art Liebesbeweis und somit jederzeit höchst willkommen. Für einen so kleinen Hund wie den Shih Tzu können sie aber auch zu einem Problem werden. All diese kleinen Hunde gelten in der Regel als mäklige Esser, ein Zustand, der durch solche „Zwischenmahlzeiten" schnell verschlimmert werden kann.

Ein kleiner Hund benötigt für einen gut funktionierenden Organismus und normalen Energieaufwand ungefähr 500 Kalorien pro Tag. Da die meisten Hundekuchen pro Stück etwa 60 bis 100 Kalorien beinhalten, braucht es nicht viele davon um den korrekten Ernährungsplan aus dem Gleichgewicht zu bringen. Erhält ein kleiner Hund wie der Shih Tzu täglich nur drei von diesen beliebten „Kalorienbomben", können Sie nicht mehr erwarten, daß er seinen Freßnapf zu den regulären Mahlzeiten auch noch leerfrißt, denn er erhält gut die Hälfte seines täglichen Kalorienbedarfs in Form von Leckerbissen. Ihr Hund wird dadurch einerseits zum mäkligen Esser, was eigentlich nicht die korrekte Bezeichnung ist, denn er weigert sich schließlich lediglich mehr zu fressen als er benötigt. Andererseits erhält er so weniger des guten nährstoffreichen Futters, was seiner Gesundheit abträglich ist. Und wenn er

Erst wenn der Welpe alle Impfungen erhalten hat sollte er Kontakt mit anderen Hunden haben. Erst dann ist die Gefahr von Ansteckung relativ gering.
Foto: Mrs. June Sauners, Zwinger Camglia

neben den Hundekuchen auch noch seine regulären Futterportionen verschlingt, kommt es sehr schnell zu einer Ansammlung von überflüssigen und ungesunden Pfunden. Teilen Sie die Leckerbissen für zwischendurch also mit Bedacht ein oder ersetzen Sie die Hundekuchen besser durch kalorienärmere Alternativen wie Karotten.

Die Nierendysplasie ist eine erblich bedingte Krankheit, die bei amerikanischen Shih Tzus relativ häufig auftritt. Einige Hunde sind dafür anfälliger als andere, bei manchen nimmt die Krankheit einen schwereren und

nur einen geringen Anteil an hochwertigen Proteinen enthält. Dazu eignen sich Eier, Hüttenkäse und/oder Geflügel zusammen mit Reis und/oder Tapioka (gereinigte Stärke aus Maniokwurzeln). Salz sollte nur so viel enthalten sein, um den Blutdruck im normalen Bereich zu halten.

Es ist wichtig zu verstehen, daß eine falsche oder unausgewogene Ernährung die Entwicklung von orthopädischen Krankheiten wie der Hüftgelenksdysplasie und Osteochondrose begünstigen kann. Bei der Ernährung eines derart gefährdeten Welpen sollte deshalb auf stark kalorienhaltiges Futter verzichtet und besser mehr als dreimal täglich mit kleinen Portionen gefüttert werden. Dadurch können plötzliche Wachstumsprünge verhindert werden, die in einer instabilen Gelenkausbildung resultieren. In jüngster Zeit durchgeführte Untersuchungen haben gezeigt, daß der Elektrolytgehalt im Futter ebenfalls eine Rolle bei der Entwicklung von Hüftgelenksdysplasie spielen könnte. Futtersorten mit einem ausgewogeneren Anteil an positiv und negativ geladenen Elementen

schnelleren Verlauf, bei anderen wieder einen langsameren und leichteren. Während einige von ihnen relativ früh an Nierenversagen sterben, können andere ein verhältnismäßig normales Leben führen, weil ihre Nieren über größere Reserven an funktionellem Gewebe verfügen. Um den Nieren ihre Tätigkeit zu erleichtern, ist zu einer Ernährung mit einer Futterart zu raten, die

wie Natrium, Kalium, Chloriden usw., erwiesen sich für Hunde mit der Veranlagung zu Hüftgelenksdysplasie als geeigneter und weniger krankheitsfördernd. Auf Beifütterungen mit Kalzium, Phosphor und Vitamin D sollte ebenfalls unbedingt verzichtet werden, denn diese Stoffe beeinträchtigen eine normale Knochen- und Knorpelentwicklung. Der Kalziumhaushalt wird im Körper durch Hormone wie Parathormone und Calcitonin sowie Vitamin D reguliert. Zusätzliche zum Futter verabreichte Mengen von Kalzium, Phosphor und Vitamin D stören diese natürliche Regulation und können so für Probleme sorgen. Außerdem können zu hohe Kalziumbeigaben die Absorbtion von Zink im Verdauungssystem negativ beeinflussen. Wer dennoch nicht auf die Vollständigkeit und Ausgewogenheit von kommerziellen Futtersorten vertraut, sollte mit seinem Tierarzt über Beigaben von Eicosapentenolsäure, Gamma-Linolensäure und Vitamin C sprechen. Bei keiner Futterart kann die Entstehung von Blähungen völlig ausgeschlossen werden, jedoch kann sich eine veränderte Form der Futtergaben positiv auswirken. Blähungen entstehen bei Hunden, wenn der Magen durch verschluckte Luft geweitet wird. Dieses Luftschlucken ist eine Folge von hastigem Fressen oder Trinken, Streß und zu viel Bewegung kurz vor den Mahlzeiten. Dem kann durch drei kleinere Mahlzeiten anstatt einer großen pro Tag Abhilfe geschaffen werden. Außerdem sollten Sie in solchen Fällen Trockenfutter mit etwas Wasser anweichen, um das Herunterschlingen der Nahrung zu erschweren. Darüberhinaus ist es äußerst wirksam, wenn Sie Ihren Hund eine Stunde vor und nach der Mahlzeit von Aktivitäten wie Herumrennen und ähnlichem abhalten.

Die vielleicht am häufigsten im Handel angebotenen „Beifutter" sind Fette. Sie werden unter dem Vorwand angepriesen, daß sie zu einem schöneren und glänzenden Fell beitragen und der Hund dadurch natürlich noch gesünder aussieht. Die einzige Fettsäure, die für diese Zwecke wirklich nützlich ist, wird als Cis-Linolensäure

... und denken Sie dran

Gehen Sie bei der Auswahl des Futters nicht davon aus, daß das teuerste Produkt auch gleichzeitig das beste ist. Die Qualität eines Futters wird nicht durch den Verkaufspreis, sondern stets durch seine Zusammensetzung bestimmt, die auf das Alter des Hundes und dessen Aktivitätsgrad abgestimmt sein sollte.

bezeichnet und ist in Leinsamenöl, Sonnenblumenöl und Safranöl enthalten. Getreideöl ist ebenfalls eine brauchbare, jedoch weniger effektive Alternative. Die meisten angebotenen Produkte beinhalten hingegen große Mengen gesättigter und einfach ungesättigter Fettsäuren, die zu einem glänzenden Fell und einer gesunden Haut keinen Beitrag leisten. Für Hunde mit Allergien, Arthritis, hohem Blutdruck und einigen bestimmten Herzkrankheiten, wird der Tierarzt wahrscheinlich andere Fettsäuren als Futterbeigaben verordnen. Gute Fettprodukte enthalten die wichtigen Fettsäuren Gamma- Linolensäure, Eicosapentenolsäure und Docosahexaenolsäure, die alle auf natürliche Weise entzündungshemmend wirken. Sie sollten sich nicht von billigen „Fälschungen" täuschen lassen, denn nur wenige und vergleichsweise teure Produkte enthalten diese wertvollen Stoffe – die meisten anderen können nicht halten, was der Hersteller verspricht. Der sicherste Weg ist deshalb der, nur solche Produkte zu kaufen, auf deren Verpackung Sie die Namen der zuvor genannten Fettsäuren als verwendete Bestandteile finden.

Allgemeines zur Erziehung eines Shih Tzus

Über die Erziehung von Hunden gibt es viele unterschiedliche Meinungen. Wird einmal davon abgesehen, daß generell darüber Einigkeit herrscht, daß ein Hund prinzipiell stubenrein sein sollte, gehen die Meinungen über weiterreichende Erziehungsmaßnahmen doch recht weit auseinander. Es gibt Menschen, die die Einstellung vertreten, daß ein Hund aufgrund seiner Abstammung so etwas wie ein Wildtier sei und erzieherische Maßnahmen durch den Menschen die natürlichen Instinkte des Tieres unterdrücken würden. Andere wieder meinen, daß das Bemühen einen Hund zu erziehen, keinem anderen Zweck dienen würde, als das Tier zu vermenschlichen, weil man zwar mit dem Tier, jedoch nicht mit dessen tierischem Verhalten leben möchte. Dann hört man immer wieder, daß die erzieherischen Maßnahmen vor einem Alter von einem Jahr sinnlos wären, weil der Welpe vorher nicht lernfähig sei.

Wir wollen hier nicht diskutieren, wer die richtige und wer die falsche Meinung vertritt, jedoch sollten wir uns doch in einem Punkt einig sein – ein gewisser Grad an Disziplin und Gehorsamkeit gereicht dem Hund bestimmt nicht zum Schaden und macht noch lange keinen Menschen aus ihm. Und je früher Sie mit der Erziehung beginnen, umso leichter geht das Lernen voran. Schwierig wird es erst dann, wenn sich schlechte und unerwünschte Marotten bereits fest etabliert haben und dem Hund dann wieder aberzogen werden müssen.

Wenn wir von der Grunderziehung eines Shih Tzu reden, dann ist damit die Stubenreinheit gemeint, daß er brav an der Leine laufen sollte und sich nicht an Dingen vergreift, die nicht für ihn bestimmt sind. Ein ebenfalls wichtiger Punkt ist die Sozialisierung mit anderen Tieren und Menschen. Es wird auch nicht ohne das eine oder andere Kommando gehen, denn Sie werden gewiß wollen, daß Ihr Hund kommt, wenn Sie ihn rufen oder sich hinlegt oder -setzt, wenn Sie ihn dazu auffordern.

Die Erziehung eines Hundes erfordert in erster Linie Geduld und Verständnis. Ein Hund, besonders ein sehr junger, kann das vom Menschen gesprochene Wort nicht verstehen, weiß also erst einmal nichts mit Befehlen wie „Nein", „Sitz", „Aus" oder „Fuß" anzufangen. Es ist also Ihre Aufgabe deutlich zu machen, was diese Worte bedeuten. Ein Hund lernt jedoch sehr schnell, positive Reaktionen von negativen zu unterscheiden, und er reagiert sehr gut auf unterschiedliche Stimmlagen und Lautstärken wie auch auf die Körpersprache des Menschen. Es stehen Ihnen also eine ausreichende Menge Hilfsmittel bei der Erziehung Ihres Shih Tzu zur Verfügung.

Ein Welpe hat natürlich noch kein gut ausgeprägtes Langzeitgedächtnis, weshalb es ungeheuer wichtig ist, daß die einzelnen Lernschritte stetig wiederholt werden. Außerdem dürfen die Lektionen nicht zu lange dauern, denn die Konzentrationsspanne eines Welpen ist sehr begrenzt. Die drei wichtigsten Lektionen sind das korrekte „Bei-fuß-laufen", das „Kommen" auf den Ruf des Halters hin und das „Aus".

Stubenreinheit

Die Erziehung zur Stubenreinheit beginnt damit, daß Sie Ihren Welpen eingehend beobachten. Jeder Welpe zeigt deutlich, daß er nach draußen muß, indem er unruhig hin und her läuft, sich ständig im Kreis dreht, aufgeregt hier und dort auf dem Boden herumschnuppert und das Schwänzchen anhebt. Wann immer Sie ein solches giebig. Das sollten Sie auch dann tun, wenn der Hund während eines Spazierganges sein Geschäft erledigt.

Kommt es in der Wohnung zu einem „Unfall" und Sie ertappen Ihren Welpen auf frischer Tat, erteilen Sie ihm ein strenges „Nein" und bringen ihn nach draußen. Entdecken Sie das Malheur erst später, ist der Zeitpunkt für einen Tadel bereits verstrichen. Entfernen Sie die „Hinterlassen-

Wenn der Welpe anfängt aufgeregt hin und her zu laufen, auf dem Boden herumschnuppert und das Schwänzchen hebt, ist es höchste Zeit ihn nach draußen zu bringen, bevor es zu einem „Unfall" kommt.
Foto: Archiv bede-Verlag

Verhalten beobachten, sowie grundsätzlich nach jeder Mahlzeit und wenn der kleine Hund von einem Schläfchen aufwacht, bringen Sie ihn auf dem schnellsten Weg nach draußen, wo er sich dann erleichtern kann. Ist das geschehen, loben Sie ihn ausschaft" kommentarlos und desinfizieren Sie die Stelle, damit der Welpe nicht durch den Geruch zu einer Wiederholung seiner Schandtat verleitet wird.

Um sicherzustellen, daß sich Ihr Welpe nachts meldet, grenzen Sie seinen Bewegungsradius um seinen Schlafplatz herum ein. Dazu kann beispielsweise ein Laufgitter sehr nützlich sein. Da der Welpe instinktiv vermeiden will, seinen Schlafplatz zu verschmutzen, wird er sich bemerkbar machen. Kann er sich hingegen frei in der Wohnung bewegen oder ist der Bewegungsradius um seinen Schlafplatz zu groß bemessen, wird er sich entweder einen Platz irgendwo in der Wohnung suchen oder sein Geschäft zumindest so weit wie möglich von seinem Schlafplatz entfernt verrichten.

Leinenführung

Wenn Sie mit Ihrem Shih Tzu Gassi gehen, werden Sie nicht wollen, daß er wie ein Wilder an der Leine zerrt oder Sie ihn stets hinter sich herziehen müssen. Das ist nicht nur für Sie eine unbequeme und anstrengende Art des Spazierengehens, sondern auch für den Hund, denn das dadurch sehr eng sitzende Halsband verursacht ihm Unbehagen. Paradoxerweise wird er nun umso mehr ziehen oder noch weiter zurückbleiben, in der Hoffnung, das störende enge Gefühl am Hals so loswerden zu können. Der Hund muß also lernen, daß er dieses Unbehagen selbst verursacht, denn wenn er brav neben Ihnen herläuft, sind Halsband und Leine locker.

Gewöhnlich wird der Hund auf der linken Seite neben Ihnen geführt, Sie halten die Leine in Ihrer rechten Hand, so daß sie in einem leichten Bogen locker durchhängt. Ihre linke Hand dient der Kontrolle des Hundes, wenn er sich wie oben beschrieben verhält, das heißt, wann immer Ihr Shih Tzu sich egal in welche Richtung von Ihnen entfernt, greifen sie mit der linken Hand in die Leine und bringen den Hund mit einem kurzen Ruck an der Leine zurück in seine korrekte Position und begleiten diese Korrektur mit einem strengen „Nein". Wichtig ist es, daß Sie stets mit dem Hund sprechen – „Shin-Lu, Fuß!" Der Name des Hundes steht immer an erster Stelle, um so seine Aufmerksamkeit zu erlangen. Dann folgt unmittelbar darauf das entsprechende Kommando. Das „Fuß"-Kommando ist ein kurzes, energisch, aber dennoch lockend gesprochenes Kommando, wobei energisch bitte nicht mit laut zu verwechseln ist. Das „Nein" ist ein ebenfalls kurzes aber strenges Kommando, denn es soll deutlich machen, daß Sie die Handlung Ihres Hundes nicht billigen. Anhand der unterschiedlichen Tonlagen erkennt der Hund sehr deutlich, wann er gelobt und wann er getadelt wird.

Um die Aufmerksamkeit des Hundes zu erhalten, klopfen Sie während des Laufens mit Ihrer linken Hand ständig leicht gegen Ihren linken Oberschenkel. Der Hund nimmt dieses leise Geräusch wahr und richtet seine Aufmerksamkeit auf die Bewegung Ihrer Hand, wodurch er automatisch auf Ihrer Höhe und in Ihrem Tempo mitläuft. Dabei wird der Name des Hundes und das Kommando stets wiederholt und immer wieder kräftig gelobt, so daß sich diese Lektion beim Hund als positive Erfahrung einprägt. Sie können in Ihrer linken Hand auch einen Leckerbissen, etwa auf Kopfhöhe des Hundes halten, dem er unweigerlich folgen wird, nur birgt das das Risiko, daß Ihr Hund versuchen wird, durch Stubsen oder Hochspringen an diesen Leckerbissen heranzukommen.

Kommen auf Ruf

Dieses Kommando ist ausgesprochen wichtig, vorallem in einer Situation, in der Ihr Hund nicht an der Leine ist. Dieser

Befehl ist wie ein Lockruf und sollte entsprechend klingen. Auch hier rufen Sie erst den Namen Ihres Hundes und gleich anschließend das Kommando „Komm" oder „Komm her", wobei Sie etwas in die Knie gehen und mit beiden Händen leicht auf Ihre Schenkel klopfen. Kommt der Hund willig auf Sie zu, wird ausgiebig gelobt und vielleicht mit einem Leckerchen belohnt. Diese Übung läßt sich beispielsweise anläßlich jeder Mahlzeit sinnvoll wiederholen.

Es ist von größter Wichtigkeit, daß wenn der Hund das Kommando nicht befolgt, Sie ihm auf keinen Fall hinterherlaufen. Gejagt zu werden, ist für Hunde eines der größten Spielvergnügen, weshalb Ihr Hund immer weiterlaufen wird, um dieses „Spiel" so richtig auszukosten. In einer solchen Situation tun Sie am besten genau das Gegenteil – Sie drehen sich in die entgegengesetzte Richtung und entfernen sich langsam von Ihrem Hund, wobei Sie Ihn wiederholt mit Namen und Kommando zum Folgen verlocken. In der Regel wird auch genau das passieren, denn der Welpe weiß instinktiv, daß er ohne Sie verloren ist und wird sich bei einer zunehmenden Distanz zwischen ihm und Ihnen schnell eines Besseren besinnen.

Befolgt Ihr Hund das Kommando nicht beim ersten Mal, sondern erst nach mehrmaligem Rufen, darf er dafür nicht bestraft werden, denn diese negative Erfahrung wird der Hund in Zukunft nicht mit seiner verspäteten Reaktion, sondern vielmehr mit dem Kommando selbst in Zusammenhang bringen. Das wiederum resultiert dann in einer permanent zögerlichen Reaktion bei späteren Übungen oder sogar darin, daß er Ihrem Ruf gar nicht mehr folgt, aus Angst vor der scheinbar damit verbundenen Strafe.

Das Auslassen

Welpen sind wie Kleinkinder und wollen an allem herumknabbern. Dabei machen sie zwischen freßbaren und nichtfreßbaren Objekten keinen Unterschied, und so werden schnell Dinge verschluckt oder auf-

Beim Spazierengehen soll die Leine locker durchhängen. Ein Ziehen und Zerren sollten Sie nicht erlauben. Sollte Ihr Hund sich von Ihnen entfernen, bringen Sie ihn mit einem kurzen Ruck zurück in seine korrekte Position und begleiten diese Korrektur mit einem strengen „Nein".
Foto: C. Vorderstemann

gefressen, die im Magen eines Hundes nichts verloren haben. Diese Gefahr besteht überall und ist stets gegenwärtig, weshalb das „Aus- Kommando" eines der wichtigsten, wenn nicht sogar DAS wichtigste Kommando überhaupt ist.

Um dem Hund die Bedeutung dieses Befehls zu vermitteln, beginnen Sie am besten damit, ihm beim Spielen sein Spielzeug aus dem Maul zu nehmen. Sie knien sich dafür auf den Boden, greifen eine Ecke des Spielzeugs und geben das Kommando – „Shin-Lu, Aus!". Dabei ziehen Sie leicht an dem Objekt und wiederholen das Kommando so lange, bis der Hund ausläßt. Darauf folgt ein dickes Lob und Sie geben ihm sein Spielzeug zurück. Das Kommando wird energisch gesprochen, so daß der Hund am Tonfall hören kann, daß es sich um eine Forderung und nicht um eine Bitte handelt. Keinesfalls sollten Sie zu stark an dem Objekt ziehen oder sogar reißen, denn auch das kann der Hund als Spiel auffassen und nun erst recht versuchen, dagegenzuhalten oder sogar nach Ihren Fingern schnappen, um sein „Eigentum" zu verteidigen. In diesem Fall kommt wieder das strenge „Nein" zum Einsatz, darauf erfolgt erneut das Kommando. Verhält sich Ihr Hund überaus störrisch und verweigert permanent das Befolgen dieses Befehls, greifen Sie mit der Hand über seine Schnauze und pressen Daumen und Fingerspitzen gegen die Reißzähne. Nun sollte der Hund umgehend auslassen, folglich wird er gelobt und erhält dann sein Spielzeug zurück.

Hat Ihr Hund erst begriffen, was auf das „Aus"-Kommando hin von ihm erwartet wird, beginnen Sie damit, den Befehl ohne Zuhilfenahme Ihrer Hände zu erteilen. Das kann beim Spielen geschehen oder auch beim Fressen oder wenn der Hund mit einem Kauknochen beschäftigt ist. Da Sie sich dabei nicht auf den Boden knien, sondern in aufrechter Position verweilen, kann es natürlich passieren, daß der Hund den Befehl verweigert. Erst dann beugen Sie sich herunter und verfahren in der zuvor beschriebenen Weise.

Das „Sitz"

Dieses Kommando läßt sich am einfachsten zu den Mahlzeiten üben. Stehen Sie mit dem Freßnapf in der Hand aufrecht vor dem Hund und geben das Kommando – „Shin-Lu, Sitz!". Hierbei handelt es sich wieder um ein kurzes und bestimmt gesprochenes Kommando. Ihr Hund wird zu Ihnen und dem ersehnten Fressen hinaufblicken und sich dabei vermutlich automatisch hinsetzen. Darauf folgt ein deutliches Lob und der Freßnapf. Diese Übung können Sie immer dann wiederholen, wenn es Zeit für das Futter oder einen Leckerbissen ist. Auch wenn der Hund gerne sein favorisiertes Spielzeug haben möchte, ergibt sich eine gute Gelegenheit dazu.

Befindet sich der Hund beim Spazierengehen an der Leine, erfolgt die Übung in folgender Weise. Bevor Sie an einer Straßenecke anhalten, verlangsamen Sie das Lauftempo und erteilen dann, kurz bevor Sie stehenbleiben, das Kommando – „Shin-Lu, Sitz!". Dabei gehen Sie etwas in die Knie, legen Ihre linke Hand auf den hinteren Rückenbereich Ihres Hundes und drücken leicht nach unten. Sitzt der Hund, wird kräftig gelobt; wenn nicht, folgt ein strenges „Nein", der Befehl wird wiederholt und die Hand in gleicher Weise zuhilfe genommen. Sie sollten aber unbedingt darauf achten, daß Sie sich nicht mit Ihrem

Hier zu sehen ein besonders schöner Shih Tzu. Ace of Trump vom Mandarin Garden. Er war Jugendchampion. Foto: Elisabeth Egner

mando „Sitz!", loben Ihren Hund für die korrekte Ausführung, greifen dann beide Vorderbeine und ziehen sie nach vorn, so daß der Hund zum Liegen kommt. Dabei erteilen Sie das Kommando – „Shin-Lu, Platz!". Während des darauffolgenden Lobens streicheln Sie den Rücken des Tieres, um es so in dieser Position zu halten.

An der Leine gestaltet sich diese Methode etwas schwieriger, weshalb hier ähnlich wie beim „Sitz" verfahren wird. Bevor Sie im Laufen innehalten, verlangsamen Sie das Tempo und erteilen kurz bevor Sie stehenbleiben das Kommando. Dabei greifen Sie mit Ihrer linken Hand über die Schultern des Hundes und üben Druck aus.

Der Grund dafür, weshalb die Kommandos an der Leine stets kurz bevor Sie stehenbleiben erteilt werden, ist einfach zu erklären. Zum einen braucht der Hund etwas Zeit, um auf das Kommando reagieren zu können. Das heißt, er wird sich nicht sofort und auf der Stelle hinsetzen oder -legen, sondern benötigt eine kurze Zeitspanne zum Verstehen und Handeln. Erteilen Sie das Kommando also erst wenn Sie bereits stehen, wird der Hund unweigerlich ein Stück vor Ihnen, anstatt neben Ihnen zum Sitzen oder Liegen kommen oder sich nach Ihnen umdrehen und direkt vor Ihren Füßen oder verkehrtherum sitzen. Zum Anderen besteht das Problem, daß Sie den Hund zum „Sitz" oder „Platz" nur dann mühelos mit der Hand hinunterdrücken können, so

Körper über den Hund beugen, denn das ist eine für den Hund sehr bedrohliche Haltung, die darin gipfelt, daß er sich entweder hinlegt oder sogar wegzulaufen versucht.

Das „Platz"

Sobald Ihr Hund das Kommando „Sitz" gelernt hat, folgt das „Platz- Kommando". Am einfachsten versteht der Hund die Bedeutung dieses kurz und prägnant gesprochenen Befehls aus der sitzenden Position. Sie geben also zuerst das Kom-

Grundregeln zur Erziehung

Konsequenz

Was dem Hund von einem Familienmitglied verboten wird, muß automatisch auch bei allen anderen Familienmitgliedern verboten sein.

Kommandos (Hörzeichen)

Alle Kommandos (ausgenommen das „Komm") sind kurze und energisch gesprochene Befehle, keine Bitten. Es muß dem Hund möglich sein, die unterschiedlichen Kommandos anhand verschiedener Stimmlagen zu unterscheiden, weshalb jede Übung ihr eigenes Kommando hat. Verwenden Sie also niemals ein Kommando für zwei unterschiedliche Übungen, denn das bringt den Hund völlig durcheinander.

Gewöhnen Sie Ihren Hund nicht daran, erst auf das dritte oder vierte Kommando zu hören. Nach dem ersten nicht befolgten Befehl erfolgt sofort die unmittelbare Einwirkung und die Wiederholung der Übung bis zur richtigen Ausführung. Der Hund wird schnell begreifen, daß er sich den Tadel (negativer Reiz) erspart, wenn er gleich beim ersten Kommando folgeleistet und gelobt wird (positiver Reiz). Beenden Sie eine Übungslektion stets mit einem Kommando, das der Hund gut ausführt und somit mit einem Lob belohnt werden kann.

lange er sich noch in Bewegung befindet. Steht der Hund bereits neben Ihnen, wird er sich dem Druck Ihrer Hand mit aller Kraft entgegenstemmen. Das verursacht dem Hund wiederum ein unangenehmes Gefühl und ist somit eine negative Erfahrung in Verbindung mit diesen beiden Kommandos.

Bestrafung

Es wird immer wieder passieren, daß Sie Ihren Hund für ein unduldbares Verhalten bestrafen müssen. Das sollte aber keinesfalls in Form von Schlägen, der Verweigerung von Futter oder einem Eingesperrtwerden geschehen, denn diese Bestrafungen sind dem Hund naturgemäß fremd, und er wird sie nicht oder nur schwer als solche erkennen. Wenn Sie eine Hündin beim Umgang mit ihren Welpen beobachten, werden Sie schnell erkennen, daß auch diese die Welpen von Zeit zu Zeit bestraft, indem sie sie im Genick packt und kräftig schüttelt. Die gleiche Methode können auch Sie anwenden, denn sie ist dem Welpen instinktiv bestens vertraut und wird sofort als Bestrafung verstanden. Greifen Sie also den Hund im Nackenfell und schütteln Sie ihn kräftig, wobei jedoch nur die Vorderbeine leicht vom Boden abheben sollten. Dabei erteilen Sie ein strenges „Nein".

Wichtig ist, daß eine Bestrafung wie auch jedes Lob stets unmittelbar auf die Handlung zu folgen haben. Beispielsweise ist es völlig wirkungslos den Hund zu tadeln, wenn Sie nach einem Einkauf nach Hause kommen und feststellen, daß der inzwischen den Mülleimer geleert hat. Sie können Ihrem Unmut in dieser Lage zwar durch Schimpfen beim Einsammeln der Bescherung Ausdruck verleihen, jedoch kommt eine direkte Bestrafung des Hundes jetzt viel zu spät. Er kann den Zusammenhang zwischen seiner Tat und dem nun später erfolgenden Tadel in den allermeisten Fällen nicht begreifen und fühlt sich so ungerechterweise bestraft. Geschieht so etwas öfter, bringt der Hund die Bestrafung mit Ihrem Nachhausekommen in Verbindung und wird sich, statt Ihnen freudig entgegenzueilen, in einer Ecke verkriechen. Nur wenn der Hund den Zusammenhang zwischen seinem Verhalten und dem Lob oder Tadel versteht, können Sie eines Lernerfolges sicher sein.

Natürlich gibt es noch eine ganze Reihe anderer Kommandos, die ein Hund kennen sollte, und es gibt auch noch viel mehr Dinge, die Sie einem Hund beibringen können. Wer sich wirklich ausgiebig mit seinem Hund beschäftigen will, der sollte sich einer Hundeschule anschließen. Hier stehen Ihnen ausgebildete Trainer mit Rat und Tat zur Seite, und hier können Sie und Ihr Hund alles lernen, was für beide von Nutzen und was alles möglich ist. Der Hundesport erfreut sich in Deutschland einer zunehmenden Beliebtheit, verschafft Ihnen und Ihrem Hund die so nötige Bewegung, und die Zusammenarbeit und das Wetteifern mit Gleichgesinnten bereitet darüber hinaus auch noch beiden eine Menge Spaß. Natürlich kann auch ein bereits älterer Hund noch erzogen und trainiert werden. Unabhängig vom Alter des Hundes müssen die Übungen auf dessen Ausbildungsstand

... und denken Sie dran

Es empfiehlt sich, daß Sie sich mit Ihrem Shih Tzu einem Rassehundverband anschließen, wo rassespezifische Ausbildungen und Sportarten angeboten werden. Hier können Sie und Ihr Hund von einem exakt auf die Rasse und deren Fähigkeiten abgestimmten Trainingsprogramm profitieren. Adressen solcher Vereine können Sie beim VDH in Erfahrung bringen.

abgestimmt werden. Hat ein bereits erwachsener Shih Tzu in seiner Jugend keinerlei Erziehung genossen, so werden Sie mit den gleichen Übungen wie für die Erziehung von Welpen beschrieben beginnen müssen. In diesem Fall werden von Ihnen viel Geduld und Ausdauer verlangt, denn erstens lernt ein bereits älterer Hund langsamer als ein Welpe, und außerdem müssen hier viele bereits festsitzende Verhaltensmuster korrigiert oder ausgemerzt werden. Trotzdem ist ein solcher Versuch nicht aussichtslos, denn wie heißt es doch so schön – zum Lernen ist niemand jemals zu alt.

Eine Übung, die zweimal hintereinander richtig ausgeführt wurde, sollte innerhalb einer Lektion nicht mehr wiederholt werden. Üben Sie mit Ihrem Welpen nicht länger als 10 Minuten pro Tag und niemals wenn Sie emotional gereizt oder unkonzentriert sind. Mit zunehmendem Alter des Hundes können die Lektionen stufenweise verlängert werden. Sie werden ein Gefühl dafür entwickeln zu erkennen, wann die Konzentrationsfähigkeit Ihres Hundes erschöpft ist und die Lektion beendet werden sollte.

Vorbeugende Maßnahmen und Gesundheitspflege für den Shih Tzu

Die Gesunderhaltung eines Shih Tzu erfordert einige Vorsorgemaßnahmen. Vorsorge ist nicht nur die effektivste Medizin gegen Krankheiten, sondern auch gleichzeitig die billigste, und eine gute Vorsorge beginnt bereits bevor der Welpe geboren wird. Die zur zukünftigen Mutter erkorene Hündin sollte gut umsorgt werden, alle notwendigen Impfungen erhalten haben und unbedingt frei von Infektionen und Parasitosen sein.

Die beiden ausgewählten Elterntiere sind selbstverständlich auf genetisch bedingte Krankheiten (z.B. Von-Willebrand-Krankheit) hin untersucht worden, sind frei von Hüft- oder Ellbogengelenksdysplasie, weisen keine durch medizinische oder verhaltensbedingte Probleme vorbelastete Stammbäume auf und erscheinen somit als zur Zucht geeignet.

Damit ist bereits der Grundstein zu einem guten Start für die Welpen gelegt worden, und wenn alles wie geplant verläuft, wird die Mutter ihren Welpen eine für die ersten Lebensmonate ausreichende Resistenz gegen Krankheiten mitgeben. Andererseits können die Eltern aber auch Parasiten, Infektionen und genetisch bedingte Krankheiten auf ihren Nachwuchs übertragen, wenn sie selbst an solchen Erkrankungen oder Gesundheitsproblemen leiden und diese nicht vor Beginn der Schwangerschaft behoben oder bei der Auswahl der Elterntiere berücksichtigt worden sind.

Eine vertrauensvolle Beziehung zu Ihrem Tierarzt ist für Ihren Shih Tzu sehr wichtig. Regelmäßige Besuche bei ihm dienen der Gesunderhaltung Ihres Hundes und vertiefen sein Vertrauen.

Im Alter von zwei bis drei Wochen

Bereits in diesem frühen Alter ist es notwendig, die Welpen ihrer ersten Entwurmung zu unterziehen. Obwohl die Hunde natürlich von dieser Art von Parasitenkontrolle profitieren, liegt der eigentliche Grund für diese Maßnahme eher in der Gesundheitsvorsorge für den Menschen. Nach der Geburt der Welpen gibt die Hündin oftmals große Wurmmengen ab, auch wenn sie noch zu Beginn der Trächtigkeit als wurmfrei erklärt wurde. Das liegt daran, daß zwar keine Würmer in der untersuchten Kotprobe nachgewiesen werden

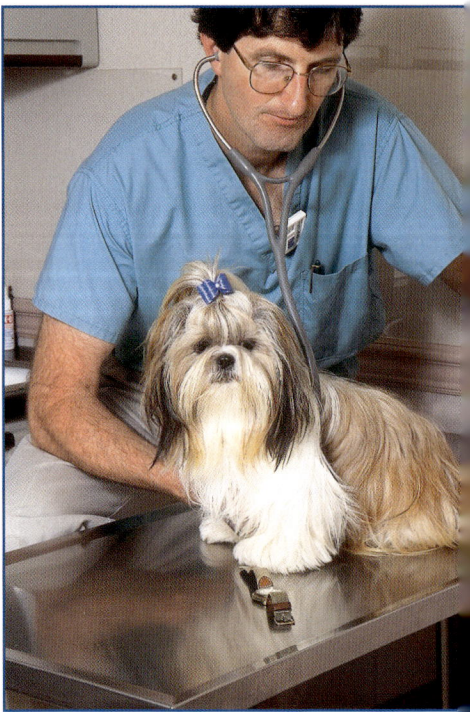

konnten, jedoch viele Larven dieser Parasiten verkapselt in der Muskulatur ruhen, bis der durch die Geburt entstehende Streß sie aktiviert und zum Verlassen des Wirtskörpers treibt und sie somit in die Außenwelt gelangen.

Außerdem gibt das Muttertier die Larven auch mit der Milch an die Welpen weiter. Untersuchungen haben verdeutlicht, daß 75% aller Welpen unter Wurmbefall leiden und deshalb davon ausgegangen werden sollte, daß die eigenen Welpen darin keine Ausnahme bilden. Aus diesem Grunde wird sehr früh mit der Entwurmung begonnen; allerdings eher zu dem Zweck, die Bewohner des Hauses und weniger die Hunde zu schützen. Diese Wurmkuren werden alle zwei Wochen wiederholt, bis der Tierarzt der Meinung ist, den Wurmbefall unter Kontrolle zu haben. Danach oder spätestens ab der 12. Lebenswoche werden regelmäßige Wurmkuren durchgeführt, deren

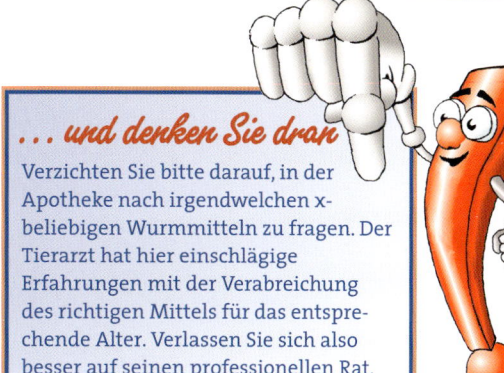

... und denken Sie dran

Verzichten Sie bitte darauf, in der Apotheke nach irgendwelchen x-beliebigen Wurmmitteln zu fragen. Der Tierarzt hat hier einschlägige Erfahrungen mit der Verabreichung des richtigen Mittels für das entsprechende Alter. Verlassen Sie sich also besser auf seinen professionellen Rat.

Abstände vom Tierarzt festgelegt werden. Auch das Muttertier sollte in diese Behandlung mit einbezogen werden, damit verhindert wird, daß ständig neue Würmer von ihr ausgeschieden werden und sie sich und die Welpen dadurch erneut infiziert. In jedem Fall dürfen nur solche Medikamente und Dosierungen angewandt werden, die vom Tierarzt empfohlen und für den Gebrauch bei Welpen als unbedenklich gelten – nach Gutdünken dosierte und von irgendwoher stammende Mittel haben schon einige Welpen das Leben gekostet.

Im Alter von sechs bis zwanzig Wochen

Die meisten Welpen werden im Alter von sechs bis acht Wochen von der Mutter entwöhnt. Das Entwöhnen sollte nicht zu früh stattfinden, denn während die Welpen gesäugt werden, entwickelt sich durch den ständigen Kontakt mit den Geschwistern und der Mutter die Basis für das spätere Sozialverhalten. Somit wird ihnen der richtige Umgang mit anderen Hunden im weiteren Verlauf ihres Lebens erheblich erleichtert. Es gibt keinen vernünftigen

Nach dem Werfen scheiden die Mütter oft große Wurmmengen aus, auch wenn sie vorher als wurmfrei galten. Deshalb sollten Welpen und Muttertier gleichzeitig entwurmt werden.

Grund, den Entwöhnungsprozeß unbedingt beschleunigen zu wollen, es sei denn, das Muttertier kann keine ausreichenden Milchmengen produzieren um alle Welpen zu ernähren.

Tierarzt wahrscheinlich bereits mit sechs Wochen eine Impfung mit inaktivem Parvovirus empfehlen, wohingegen Welpen ohne Kontakt zu anderen Hunden erst mit acht Wochen gegen Parvovirose, Staupe, Hepatitis und Leptospirose geimpft werden müssen/sollten. Bei dieser Gelegenheit wird neben einer Generaluntersuchung auf Krankheitsanzeichen, die einen Aufschub der Schutzimpfungen erfordern würden, auch gleich eine erste Zahnuntersuchung durchgeführt um zu sehen, ob die Zähne wie gewünscht durchbrechen. Bei Rüden wird sich der Arzt auch vergewissern, daß die Hoden ordnungsgemäß aus dem Unterleib in den Hodensack gewandert sind. Gesundheitliche Alarmzeichen wie anormale Herzgeräusche, verschobene Kniescheiben, beginnender Grauer Star, Nickhautvorfall und Nabelbrüche, sind in diesem Alter ebenfalls bereits erkennbar.

Das Alter von acht Wochen ist auch der rich-

Lassen Sie Ihren Welpen rechtzeitig gegen lebensbedrohende Infektionskrankheiten impfen.

Shih Tzus sind kleine Hunde, und die Welpen sind besonders empfindlich. Es ist deshalb äußerst wichtig für einen Welpen, wenn seine Eltern einwandfrei gesunde Tiere sind.

Die erste Untersuchung durch einen Tierarzt findet gewöhnlich im Alter zwischen sechs und acht Wochen statt, also genau dann, wenn auch die meisten Schutzimpfungen fällig werden. Bei Welpen, die ständigen Kontakt mit vielen anderen Hunden haben, wird der

tige Zeitpunkt für einen Verhaltenstest. Dieser kann vom Tierarzt selbst oder aber auch von einer anderen, vom Tierarzt empfohlenen Person vorgenommen werden. Wie bereits erwähnt, sind diese Tests nicht unbedingt zuverlässig, können jedoch Aufschluß über einige bestimmte Veranlagungen zur Entwicklung von Verhaltensstörungen geben. Wer bereits mit der Aufzucht von Welpen seine Erfahrungen hat, wird bestimmt schnell bemerken, wenn das Verhalten eines Tieres in irgendeiner Form vom „Normalen" abweicht und sich ohne weitere Aufforderungen um professionelle Hilfe bemühen. Für einen unerfahrenen Halter ist das jedoch nicht so einfach, denn ihm fehlen die Vergleichsmöglichkeiten. Wer sich also diesbezüglich unsicher ist, sollte seinen Welpen besser den Erfahrungen und dem Urteilsvermögen eines Fachmanns anvertrauen, bevor er später eine bittere Enttäuschung erlebt. Schon viele Hundehalter haben in solchen Fällen resigniert aufgegeben und der erlösenden Spritze vom Tierarzt den Vorzug vor den ständigen Problemen mit einem unberechenbaren Hundetemperament gegeben – ein Weg, den Sie nicht einschlagen müssen, verschaffen Sie sich rechtzeitig einen Einblick in das Wesen des Hundes.

Seit einiger Zeit ist es in den Vereinigten Staaten üblich, eine Kastration bereits im Alter von sechs bis acht Wochen vornehmen zu lassen. In Deutschland verhält sich das anders, denn hier vertreten die Tierärzte die Meinung, daß eine zu frühe Kastration einen negativen Einfluß auf den Hormonhaushalt des Tieres hat, der gewöhnlich erst im Alter von etwa sechs bis sieben Monaten, bei manchen Rassen noch später, voll funktionsfähig ist. Im Gegen-

satz zu den USA, wo eigentlich alle „Nicht-Zuchthunde" einem solchen Eingriff unterzogen werden, wird eine Kastration in Deutschland meistens nur vorgenommen, wenn ein zwingender medizinischer Grund dafür vorliegt.

Die meisten Schutzimpfungen werden in Abständen verabreicht, nämlich mit acht bis zehn Wochen und zwölf bis vierzehn Wochen. Im Normalfall sollten die einzelnen Impfungen mindestens zwei Wochen auseinanderliegen, wobei ein Abstand von vier Wochen optimal ist. Jede Impfung besteht gewöhnlich aus mehreren verschiedenen Erregern – zum Beispiel werden die der Parvovirose, Staupe, Hepatitis und Leptospirose in einer Impfung kombiniert. Ein Impfschutz gegen Koronavirose (Zwingerhusten) kann separat verabreicht werden, falls der Arzt den Welpen als „Risikofall" einstuft. Die Impfungen gegen Parvovirose, Staupe, Hepatitis und Leptospirose werden im Alter von 12 Wochen wiederholt. Zu diesem Zeitpunkt wird auch die erste Tollwutimpfung verabreicht. Eine Auffrischung der Tollwut-, Leptospirose- und Parvoviroseimpfung findet von da ab generell in jährlichen Abständen, die der Staupe- und Hepatitisimpfungen alle zwei Jahre statt.

Gegen den bekannten Zwingerhusten gibt es heute neben der üblichen Impfung auch noch einen neueren Weg zur Immunisierung, bei dem der Impfstoff in die Nasenlöcher gesprüht wird. Diese Schutzimpfung kann bereits mit sechs Wochen verabreicht werden, wenn die Welpen einem erhöhten Ansteckungsrisiko ausgesetzt sind.

Die Leptospirose (Stuttgarter Hundeseuche) ist eine Bakterieninfektion, die weltweit verbreitet ist. Der Impfschutz hält ein

Jahr an und besteht aus zwei Injektionen, die jeweils drei bis vier Wochen auseinanderliegen. Die erste Injektion sollte spätestens im Alter von 10 Wochen verabreicht werden. Nachdem die Serie der Impfungen vollständig ist, reicht auch hier eine Auffrischung einmal jährlich.

Die Tollwutimpfung ist nach wie vor eine der wichtigsten, obwohl sie längst nicht mehr in allen Ländern als Pflichtimpfung gilt. Es kann sogar sein, daß die diesbezüglichen Bestimmungen innerhalb eines Landes unterschiedlich sind, was ganz davon abhängt, wann der letzte Tollwutfall aufgetreten ist und wie hoch das Risiko für neue Krankheitsfälle eingestuft wird. Aus Sicherheitsgründen sollten Sie jedoch nicht auf diesen Impfschutz verzichten, denn es handelt sich immerhin um eine Krankheit, die ohne Schutzmaßnahmen auch heute noch tödlich verläuft. Die Impfung wird im Alter von zwei Monaten erstmalig verabreicht, die nächste Injektion erfolgt im Alter von drei Monaten und von da an wird alle zwölf Monate eine Auffrischung vorgenommen.

Im Alter zwischen acht und vierzehn Wochen sollte jede nur denkbare Möglichkeit genutzt werden, den Welpen mit möglichst vielen Menschen und Situationen vertraut zu machen. Dies ist ein Teil der kritischen Sozialisierungsphase, der darüber entscheidet, wie sich der Welpe in seinem weiteren Leben anderen Menschen und Haustieren gegenüber verhalten und wie er auf unbekannte Situationen und Ereignisse reagieren wird. In dieser Phase sollte der Welpe so viel Zeit wie möglich mit seinem Halter und der Familie verbringen, nicht für jede Kleinigkeit bestraft werden und mit ruhiger und geduldiger Hand, jedoch ohne jeglichen Druck, die

ersten Erziehungsmaßnahmen genießen. Bei der Sozialisierung mit Mensch und Tier muß allerdings bedacht werden, daß sich diese Maßnahme nicht nur auf die eigenen Familienmitglieder und Haustiere bezieht, die der Hund aller Wahrscheinlichkeit nach sowieso als seinem „Rudel" zugehörig betrachtet wird. Es geht vielmehr um den Kontakt mit fremden Menschen und Tieren wie beispielsweise der Katze des Nachbarn, Käfig- oder Volierenvögeln und was sich sonst noch so an anderen Haustieren im Freundes- und Familienkreis anbietet, sowie um Menschen, mit denen der Welpe gewöhnlich keinen oder nur sehr selten Kontakt hat. Ein ständiger oder enger Kontakt mit anderen Hunden sollte erst stattfinden, nachdem der Welpe seine zweite Impfreihe hinter sich hat. Vorher besteht nur ein unzureichender Schutz gegen Infektionskrankheiten, die leicht von einem Hund auf einen anderen übertragen werden können. Nach Erreichen der zwölften Lebenswoche sollte der Impfschutz jedoch stark genug sein, um dem Welpen auch das Zusammensein mit anderen Hunden zu gönnen. Dieser Schritt ist besonders in Hinsicht auf den späteren Besuch einer Hundeschule wichtig, denn hier verlangt der Trainer von jedem Hund ein ausgeprägt friedfertiges Verhalten den anderen vier- und zweibeinigen Schülern gegenüber.

Nun ist auch schon mal ein längerer Spaziergang in Straßen und Parks angesagt, um den Welpen mit der großen weiten Welt außerhalb des heimischen Herdes vertraut zu machen – all die fremden Gerüche, Menschen, andere Hunde und nicht zuletzt der Verkehrslärm und andere unbekannte Geräusche helfen dem Welpen, diese ihm noch unheimliche Welt zu verstehen und zu akzeptieren. Die Gewöhnung an das Fahren im Auto, Bus, in der Bahn oder im Aufzug gehören genauso dazu wie der Kontakt mit spielenden Kindern, Fahrradfahrern, Motorrädern, schlicht und ergreifend mit allem, was zu unserem täglichen Leben gehört.

dazu, daß ein bislang unbeachteter oder unentdeckter Weg in die Freiheit gefunden wird. Darüberhinaus gibt es auch unter den Menschen sehr unfreundliche Subjekte, die Gefallen daran finden, die Hunde anderer Leute zu stehlen.

Wenn ein junger Hund ausreichend sozialisiert wird, wird er Zeit seines Lebens keine Probleme im Umgang mit anderen Tieren haben. Diese Beiden sind noch mißtrauisch und wissen nicht was sie voneinander halten sollen.

Die ersten Ausflüge mit dem Halter und der Familie erfordern aber auch noch eine andere Voraussetzung, nämlich die, daß der Hund jederzeit von anderen identifiziert werden kann. Auch wenn Sie von sich selbst stets behaupten, es könne nicht dazu kommen, daß der Hund wegläuft, hat schon manch einer diese falsche Selbstsicherheit mit dem Verlust seines Hundes bezahlen müssen. Der Shih Tzu ist ein kleiner Hunde und paßt fast durch jedes „Mauseloch". Somit kommt es immer wieder

Zu dem Zweck, einen verlorengegangenen Hund schnellstmöglich wiederzufinden, gibt es mehrere Methoden, die mehr oder weniger effektiv sind. Die bekannteste und bestimmt älteste Methode ist das Hundehalsband mit der daran befindlichen Hundemarke. Es empfiehlt sich, auf deren Rückseite oder auf einem zusätzlichen Anhänger den Namen, die Adresse und Telefonnummer des Halters eingravieren zu lassen. Die wichtigste Voraussetzung dafür, daß dieses System auch seinen

Zweck erfüllt, ist natürlich die, daß der Hund dieses Halsband auch ständig trägt. Dennoch muß die Möglichkeit berücksichtigt werden, daß er es sich irgendwo abreißen könnte oder ein anderer Hund es bei einem Kampf durchbeißt. Außerdem kommt es nicht selten vor, daß die am Halsband befindlichen Anhänger abfallen und verloren gehen.

Einige Halter bevorzugen eine Kette anstatt eines Halsbandes, die jedoch aus

> **... und denken Sie dran**
> Die ersten längeren Spaziergänge sind ungeheuer aufregend für den Welpen. Am faszinierendsten sind dabei die unbekannten und vielfältigen Gerüche. Lassen Sie Ihren Hund jedoch nicht überall herumschnüffeln, besonders nicht am Kot anderer Hunde, denn das ist der beste Weg zur Übertragung von Krankheiten und Parasitosen.

Sicherheitsgründen abgenommen wird, wenn sich der Hund nicht an der Leine befindet. Sie scheidet deshalb in diesem Fall aus.

Eine Methode, die sich gut bewährt hat, ist eine Tätowierung im Ohr des Tieres, die meistens aus der Registriernummer des Hundes besteht. Handelt es sich nicht um einen registrierten Hund, kann auch eine spezielle vom Züchter vergebene Erkennungsnummer eintätowiert werden. Die Tierheime verfügen im Allgemeinen über

Listen dieser Nummern, anhand derer sie den Züchter ausfindig machen können, der seinerseits wieder Telefonnummer und/oder Adresse des Halters besitzt.

Viele Züchter tätowieren ihre Welpen bereits vor dem Verkauf. Zu diesem Zweck werden die Haare auf der Innenseite eines Ohres abrasiert und dann die Tätowierung vorgenommen, die dem Tier keine nennenswerten Schmerzen verursacht. Allerdings ist es auch hierbei schon vorgekommen, daß solche Tiere nicht identifiziert werden konnten, weil entweder zu viele Haare über die Tätowierung gewuchert waren oder diese unsauber und unleserlich vorgenommen wurde. So wird sie entweder gar nicht entdeckt oder kann nicht entziffert werden. Es liegt also auch bei dieser Methode in der Hand des Halters, die Haare kurz zu halten und die Nummer eventuell nachtätowieren zu lassen, wenn die Zahlen nicht mehr deutlich zu erkennen sind.

Die neueste Erfindung auf diesem Gebiet ist der Mikrochip, der heute schon in vielen Ländern zur Anwendung kommt. Es handelt sich dabei um einen Computerchip, der nicht größer als ein Reiskorn ist. Der Tierarzt implantiert diesen unter örtlicher Betäubung unter der Haut zwischen den Schulterblätter des Hundes. Läuft das Tier weg oder geht anderweitig verloren und wird im Tierheim abgeliefert, wird dort mit einem Scanner der Code des Mikrochips ermittelt und so der Besitzer ausfindig gemacht. Ein Anhänger am Halsband weist darauf hin, daß der Hund Träger eines solchen Computerchips ist. Auch hier wird natürlich vorausgesetzt, daß der Hund das Halsband ständig trägt.

Im Alter von
vier bis zwölf Monaten

Mit sechzehn Wochen sollte der Welpe bereits seine letzte Impfreihe erhalten chirurgischen Eingriff wie einer Kastration durchgeführt werden, denn besteht ein Bluterproblem, müssen für Operationen natürlich besondere Sicherheitsvorkehrungen getroffen werden.

Kauen ist für die Entwicklung der Zähne und Kieferknochen wichtig. Der Handel bietet geeignetes Kauspielzeug für jeden Hund.

haben. Jetzt sollte auch eine Untersuchung auf die Von Willebrand-Krankheit hin durchgeführt werden, wenn das nicht bereits durch den Züchter geschehen und eine entsprechende Freiheit für die Zuchtlinie bestätigt ist. Leider tritt diese Krankheit beim Shih Tzu immer wieder einmal auf, ist erblich bedingt und verursacht unkontrollierbare Blutungen. Ein entsprechender Test sollte in jedem Fall vor einem

Mit sechs Monaten ist es Zeit für einen Urintest. Shih Tzus sind sehr anfällig für eine Nierenkrankheit – Nierendysplasie. Der Urintest wird sich anbahnende Nierenprobleme bereits erkennen lassen, bevor sie durch einen Bluttest festzustellen sind.

Ab einem Alter von sechs Monaten kann eine Kastration vorgenommen werden, vorausgesetzt es liegt ein einleuchtender

Auch wenn Sie glauben – Ihr Hund geht nie verloren – sollten Sie dafür Sorge tragen, daß Ihr Hund jederzeit identifiziert werden kann und Sie als sein Besitzer ermittelt werden können. Durch falsche Selbstsicherheit ging schon mancher Hund „verloren". Foto: Robert Smith

Grund vor und das Tier ist nicht zur Zucht vorgesehen. Die Geschlechtsreife tritt bei den meisten Rassen in einem Alter zwischen sechs oder sieben Monaten ein – bei manchen Rassen jedoch erst erheblich später. Die Kastration dient nicht nur dem Zweck der Trächtigkeitsverhütung, sondern bei Rüden auch dazu, daß sie den Drang zum Herumstreunen ablegen und anderen Rüden gegenüber friedfertiger werden. Außerdem wird durch eine solche Operation das Risiko für bestimmte Krankheiten wie verschiedene Krebsarten und Prostataprobleme eingeschränkt.

Bis zum sechsten Lebensmonat sollte der Welpe auch den Zahnwechsel beendet haben. Die ersten Zähne (Milchzähne) sind ausgefallen, und die zweiten und bleibenden sollten bereits alle durchgebrochen sein. Der Tierarzt wird sich in diesem Stadium davon überzeugen wollen, daß das Gebiß vollständig und die Stellung der Zähne (der Biß) korrekt ist. Ist das nicht der Fall, ergibt sich hier die Möglichkeit zur Korrektur. Eine solche Zahnstellungskorrektur sollte jedoch ausschließlich einem verbesserten Wohlbefinden des Hundes dienen, das heißt, ihm ein normales Kauen ermöglichen – niemals aber aus rein kosmetischen Gründen, also um dem Tier ein besseres Aussehen zu verleihen.

Zu diesem Thema gibt es eine traurige Statistik – 85 % aller Hunde, die älter als vier Jahre sind, leiden unter Zahnkrankheiten und permanentem Mundgeruch. Tatsächlich ist das so häufig der Fall, daß viele Hundehalter diesen Zustand als völlig normal betrachten! Damit haben diese Leute vielleicht gar nicht so unrecht, denn es ist beim Hund wie beim Menschen wirklich eine normale Erscheinung, daß eine mangelnde Zahnhygiene solche sich hartnäckig haltenden Probleme verursacht. Selbstverständlich können schlechte Zähne und/oder ein ständig entzündetes Zahnfleisch auch erblich bedingt sein oder aus einer falschen Ernährung im Welpenalter resultieren, jedoch sind das die wenigsten Fälle. Der Auslöser für solche Probleme ist

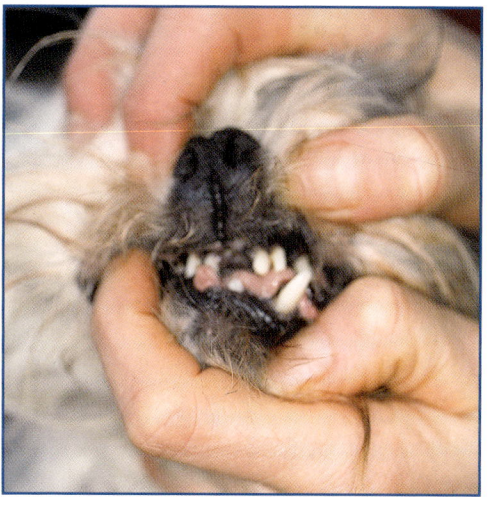

Ab dem sechsten Lebensmonat brechen die zweiten bleibenden Zähne durch. Der Tierarzt kann nun kontrollieren ob der Biß korrekt ist.
Foto: Archiv bede-Verlag

meistens eine starke Ansammlung von Zahnstein, wofür unter Umständen auch eine Veranlagung verantwortlich sein kann.

Um den Zähnen seines Hundes die gleiche Aufmerksamkeit und Pflege wie den eigenen zukommen zu lassen, gibt es mehrere Möglichkeiten. Zum Beispiel gibt es beim Tierarzt für Hunde mit der Neigung zu starker Zahnsteinbildung und Mundgeruch spezielle Zahnbürsten und Zahnpasta. Außerdem tragen die im Handel erhältlichen Kauspielzeuge erheblich zur Sauber-

Obwohl Shih Tzus nicht stark zu Hüft- und Ellbogengelenksdysplasie neigen, erhöht sich das Risiko durch unkontrolliertes Herumtoben.

haltung der Zähne bei. Der Tierarzt sowie der Fachhandel beraten gerne über speziell für die Zahnpflege geeignete Kaugegenstände, die gewöhnlich zum Verzehr gedacht sind, jedoch in ihrer Zusammensetzung und Beschaffenheit über eine reinigende und für das Zahnfleisch kräftigende Wirkung verfügen, die freigesetzt wird, wenn das Tier ausgiebig darauf herumkaut. Im Normalfall reichen solche Produkte völlig aus, um Zähne und Zahnfleisch in gutem Zustand zu erhalten, vorausgesetzt, beide erfreuen sich von Geburt an bester Gesundheit und das Tier wird mit einer ausgewogenen, vitamin- und kalziumreichen Ernährung versorgt.

In anderen Fällen, wo der Zustand der Zähne erblich vorbelastet oder eine mangelhafte Ernährung im Welpenalter für schlechte Zähne verantwortlich ist, helfen die zuvor genannten Kauprodukte dabei, die Bildung von Zahnstein zu verlangsamen und zu verhindern, daß dieser sich festsetzen kann. Dennoch werden Sie in einem solchen Fall nicht umhinkommen, den hartnäckigen Belag vom Tierarzt regelmäßig entfernen zu lassen, denn er gefährdet anderenfalls die Gesundheit der Zähne und des Zahnfleisches.

... und denken Sie dran

Zur richtigen Mundhygiene Ihres Hundes gehört auch zu verhindern, daß er auf die Zähne und das Zahnfleisch schädigenden Dingen herumkaut. Dazu gehören Steine egal welcher Größe genauso wie splitternde Holzstücke.

Die ersten sieben Lebensjahre

Der einjährige Hund sollte nun einer gründlichen Generaluntersuchung unterzogen werden, die in jährlichen Abständen wiederholt werden sollte. Zu einem solchen Generalcheck gehören Untersuchungen der Augen (auf Netzhautatrophie und ähnliches), Ohren, des Maulinnenraums (Zahnfleischerkrankungen) und Rachens, der Leisten (auf Brüche), der Lungen, des Herzens, der Lymphknoten und des Unterbauches sowie Auffrischungen bestimmter Schutzimpfungen und eine Entwurmung. Außerdem bietet sich hierbei die Gelegenheit, den Tierarzt zu allem zu befragen, was einem innerhalb des Jahres am Verhalten des Hundes so aufgefallen ist.

Mit zwölf Monaten ist es auch Zeit für die ersten Blutuntersuchungen, um einige Hintergrundinformationen zu erhalten, die später mit nachfolgenden Untersuchungen verglichen werden können. Dazu gehören eine Schilddrüsenuntersuchung zur Feststellung der Hormonwerte, eine Zählung der Blutkörperchen, Organchemie und die Überprüfung des Cholesterinspiegels. Auch wenn die meisten Hunde in diesem jungen Alter nur selten bereits Probleme mit der Schilddrüse aufweisen, ist Vorbeugen dennoch besser als Heilen, besonders bei den Rassen, die häufig unter einer Schilddrüsenunterfunktion leiden. Ein Urintest kann bereits jetzt erkennen lassen, welche Shih Tzus später vermutlich an Nierenproblemen leiden werden, die vielleicht mit einer Nierendysplasie in Zusammenhang stehen.

Bei Hunden mit hartnäckigen Zahnsteinablagerungen beginnen die meisten Tierärzte im Alter von zwei Jahren mit den ersten zahntechnischen Maßnahmen. Hierfür ist eine Narkose erforderlich, denn das Tier würde dabei ansonsten mit Sicherheit nicht stillhalten. Der Arzt verwendet bei dieser Prozedur einen Ultraschallschleifer, mit dem er den Zahnstein und -belag von und zwischen den Zähnen entfernt. Anschließend werden die Zähne poliert, damit sich neuer Belag und Zahnstein nicht mehr so leicht festsetzen können. Vielleicht werden noch Röntgenaufnahmen der Kiefer und Zahnwurzeln angefertigt und eine Fluoridbehandlung des Zahnfleisches vorgenommen, denn die so

Shih Tzus spielen gerne. Dieser hier amüsiert sich mit einer Frisbeescheibe, die hundesicher ist und auf der er nach Herzenslust herumkauen kann.

Achten Sie darauf, daß das Halsband nicht zu eng anliegt. Allerdings auch nicht zu weit, damit der Hund es nicht abstreifen kann. Foto: R. Klaar

... und denken Sie dran

Wenn Ihr Hund regelmäßig geimpft und entwurmt wird und nicht ohne Aufsicht herumstreunen darf, besteht auch für Sie und Ihre Kinder kaum ein Risiko, sich durch ihn mit Krankheiten zu infizieren. Trotzdem sollten Sie verbieten, daß der Hund Hände und Gesicht belecken darf.

gefürchtete Zahnfleischentzündung wird nicht durch den Zahnstein, sondern vom Bakterienbelag auf den Zahnhälsen ausgelöst. Da jedoch beim Abschleifen des Zahnsteins der Bakterienbelag nur unzureichend entfernt wird, haben Zahnärzte speziell zu diesem Zweck eine neue Technik entwickelt, die auf Ultraschallbasis funktioniert. Die Ultraschallbehandlung ist schneller, zerstört mehr Bakterien und reizt das Zahnfleisch erheblich weniger als die herkömmliche Schleifmethode. Eine spezielle Zahnpolitur schließt die Behandlung ab, das Zahnfleisch heilt schneller und der Halter kann somit früher mit der „Hausbehandlung" beginnen.

Jeder Hund hat seine individuellen Zahnprobleme, die in jedem Fall berücksichtigt und beobachtet werden müssen. Wird ein Shih Tzu regelmäßigen Untersuchungen unterzogen und hat er ständig einen der erwähnten Kaugegenstände zur Verfügung, um so seine eigene Zahnpflege zu betreiben, sollten keine weiteren Probleme auftreten.

Der alte Shih Tzu

Ab einem Alter von etwa sieben Jahren wird der Shih Tzu als älterer bis alter Hund bezeichnet. An den jährlichen Abständen der Vorsorgeuntersuchungen ändert sich auch jetzt nichts, nur sollten diese nun schon etwas umfassender sein, besonders in Hinsicht auf die langsam beginnenden Alterserscheinungen. Deshalb sollten die Erstellung von Blutbildern, Urinanalysen, Röntgenaufnahmen des Brustbereichs und Elektrokardiogramme (Herzuntersuchung, EKG) in die regelmäßigen Untersuchungen einbezogen werden. Eine Früherkennung erhöht in jedem Fall die Heilungschancen, verkürzt die Behandlungsdauer und senkt natürlich auch die Kosten. Eine dem Alter des Tieres angemessene und ausgewogene Ernährung mit speziellen Futtersorten für ältere Hunde sowie gut proportionierte Bewegung im Freien, können die Entwicklung von altersbedingten Gesundheitsstörungen verlangsamen und dafür sorgen, daß sich ihr Shih Tzu auch bis ins hohe Alter wohlfühlt und gesund bleibt.

Gerade ältere Shih Tzus benötigen eine solide Gesundheitspflege. Die regelmäßige Auffrischung von Schutzimpfungen ist ein wichtiger Teil davon.

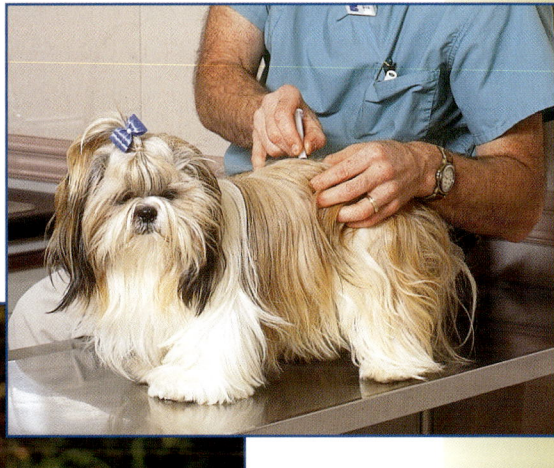

Das Fell dieses Hundes ist ziemlich lang gehalten. Dies bedarf einer aufwendigen Haarpflege, ist aber für die Vorstellung des Hundes bei einer Ausstellung unumgänglich.

Ab etwa sieben Jahren wird der Shih Tzu als älterer Hund bezeichnet. Viel Bewegung im Freien sowie eine Altersgerechte, ausgewogene Ernährung sorgen dafür, daß der Hund bis ins hohe Alter gesund bleibt. Foto: Robert Smith

Wann ist Ihr Shih Tzu krank

	Gesunder Hund	Kranker Hund
Augen	klar	gerötet, trübe, ständiges Reiben mit den Pfoten
Nase	sauber	Ausfluß, eitrig verklebt
Ohren	sauber	verkrustet, Ausfluß, übler Geruch, ständiges Kratzen oder Kopfschütteln
Fell	sauber, stehend	struppiges Aussehen, Haarausfall eventuell mit Hautekzemen
Schleimhäute	rosafarben	blaß rosa bis weißlich oder rot entzündet
Zahnfleisch	rosafarben, gut durchblutet	weißlich, rot entzündet, käsiger, übelriechender Belag
Bewegungsapparat	fließende Bewegungen	Lahmheit, Bewegungsunlust, Schmerzlaute, Schwierigkeiten beim Aufstehen
Verdauung	fester Kot, keine Verschmutzungen des Fells im Analbereich	Durchfall, verschmutzte Analregion, häufiges Erbrechen, anhaltende Verstopfung, keine Kotabgaben, aufgeblähtes Abdomen
Temperatur	normal, 37,5 bis 39 °C	zu hoch, zu niedrig
Verhalten	aufmerksam, aktiv, Futter- und Wasserkonsum normal	apathisch, unkonzentriert, unregelmäßiges Fressen, Futterverweigerung, erhöhtes Trinkbedürfnis, Rastlosigkeit, Winseln, erhöhtes Ruhe- und Schlafbedürfnis

Das Erkennen genetisch bedingter Krankheiten beim Shih Tzu

Es gibt eine Reihe von Krankheiten, die beim Shih Tzu besonders häufig auftreten. Bei einigen Erbkrankheiten konnte das verantwortliche Gen bereits ermittelt und isoliert werden, jedoch ist das leider nicht bei allen der Fall. Hier bleibt nur die Möglichkeit, die besonders betroffenen Hunderassen ausfindig zu machen, einen Weg zur einwandfreien Erkennung und effektiven Behandlung der Krankheit zu finden und entsprechende Vorsorgemaßnahmen zu treffen.

Die im Folgenden genannten Krankheiten sind beim Shih Tzu besonders häufig nachzuweisen, wobei diese Aufstellung keinesfalls den Anspruch auf Vollständigkeit erhebt. Einige der genetisch bedingten Krankheiten können durchaus innerhalb bestimmter Zuchtlinien häufig sein, gelten jedoch in der Gesamtheit der Rasse als selten.

Kalzium-Oxalat-Urolithiose

Unter dem Begriff Urolithiose versteht man die Bildung von „Steinen" in den Harnorganen. Viele Rassen haben Probleme mit solchen Urolithen, wobei der Shih Tzu für eine bestimmte Art besonders anfällig ist, nämlich die Bildung von Kalzium-Oxalatsteinen. Der Grund dafür ist noch nicht ausreichend erforscht, jedoch scheinen sich diese „Steine" bevorzugt dann zu bilden, wenn die Blase einen erhöhten Gehalt an Kalzium, Oxalaten und/oder Urinsäure aufweist. Oxalate sind ein Nebenprodukt der

Gloxylinsäure und Vitamin C, wohingegen Urinsäure ein Nebenprodukt des Proteinstoffwechsels ist. Es gibt keinen Anhaltspunkt dafür, daß das Auftreten von Urolithiose beim Shih Tzu mit einer Nierendysplasie in Verbindung steht, jedoch ist diese Möglichkeit trotzdem nicht völlig auszuschließen.

Ein Verdacht auf die Erkrankung besteht stets dann, wenn bei Urinuntersuchungen häufiger verdächtige Kristalle festzustellen sind. Die „Steine" sind auch auf Röntgenaufnahmen sehr deutlich zu sehen. Eine Analyse der entfernten Steine bestätigt dann die Diagnose und identifiziert die einzelnen Komponenten als Kalzium und Oxalate. Im Gegensatz zu anderen Erkrankungen dieser Art kann die Bildung von Kalzium-Oxalatsteinen nicht durch eine veränderte Ernährung kontrolliert werden.

Große Steine müssen operativ entfernt werden. Die Neubildung ist schwer zu verhindern, wie das auch beim Menschen der Fall ist. In solchen Fällen kommen bei Hunden die selben Medikamente zum Einsatz, die auch beim Menschen verabreicht werden. Dazu gehören beispielsweise Thiaziddiuretika wie Hydrochlorothiazid, was die Ausscheidung von Kalzium in den Urin eingrenzt sowie Kaliumzitrat, das verhindert, daß Kalzium und Oxalate „Steine" bilden können.

Alle Hunde, die eine Neigung zur „Steinbildung" aufweisen, sollten aus dem Zuchtprogramm ausgeschlossen werden.

Grauer Star (Katarakte)

Als Grauen Star wird jede Trübung der Linse des Auges bezeichnet, ganz gleich, wie klein oder groß sie auch sein mag. Diese kann in

Gewöhnen Sie schon Ihren Welpen an die tägliche Haarpflege, damit er lernt sich dabei ruhig zu verhalten. Bald wird er das Bürsten genießen, denn bei regelmäßiger Pflege geht es auch ohne Ziepen, da die Haare keine Chance zum Verfilzen haben.

Shih Tzus sind für viele Augenprobleme anfällig, weshalb zu jährlichen Augenuntersuchungen zu raten ist.

Blindheit resultieren oder auch so klein bleiben, daß die Sehfähigkeit dadurch nicht beeinträchtigt wird.

Beim Shih Tzu konnten der genetische Ursprung und die Charakterisierung von Katarakten noch nicht vollständig geklärt werden. Die Erkrankung zeigt sich gewöhnlich im Alter zwischen drei und sechs Jahren. Viele Hunde passen sich dieser Einschränkung ihres Sehvermögens gut an, obwohl es heute möglich ist, die Krankheit

Ellbogengelenksdysplasie

Diese Erkrankung entsteht durch eine anormale Entwicklung der Elle, einem der Unterarmknochen. Das Resultat ist ein instabiles Ellbogengelenk und damit verbundene Lahmheit. Dieser Zustand wird, genau wie bei der Hüftgelenksdysplasie, durch eine häufige Inanspruchnahme des Gelenks verschlimmert.

Für diesen Zustand ist genaugenommen nicht nur ein Faktor, sondern gleich eine ganze Reihe unterschwelliger Probleme verantwortlich, die alle das Ellbogengelenk belasten. Dazu gehören neben der oben bereits angesprochenen degenerierten Elle auch eine mittig unvollständig ausgebildete Knochenkrone, die Osteochondrose der medialen Gelenkhöcker der Schulter oder eine unvollständige Verknöcherung derselben. Diese Krankheitsbilder treten am häufigsten bei Junghunden auf, die bereits im Alter zwischen vier und sieben Monaten die ersten Symptome zeigen. Diese äußern sich gewöhnlich in Form plötzlich eintretender Lahmheit, die durch die anhaltende Entzündung des betroffenen Gelenks später in Arthritis übergeht.

Die Diagnose erfolgt anhand von Röntgenaufnahmen. Werden bis zu einem Alter von 24 Monaten keine Anzeichen für diese Anomalie nachgewiesen, kann das Tier zum Züchten eingesetzt werden. Die Schwere der bei dieser Untersuchung nachgewiesenen Fälle wird in die Grade I bis III unterteilt. Ein Grad III-Fall zeigt ein deutlich degeneriertes Ellbogengelenk. Vor einigen Jahren noch wurden Hunde mit einem Grad I-Ergebnis zur Zucht zugelassen, jedoch sind die diesbe-

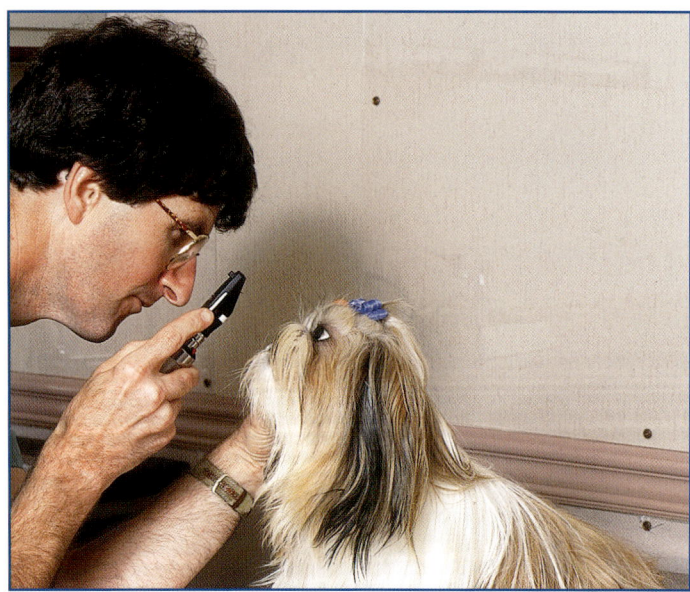

durch einen chirurgischen Eingriff erfolgreich zu beheben. Trotzdem sollten an Grauem Star erkrankte Hunde und deren möglicherweise bereits existierenden Welpen nicht für die Zucht verwendet werden und unter ständiger tierärztlicher Kontrolle stehen.

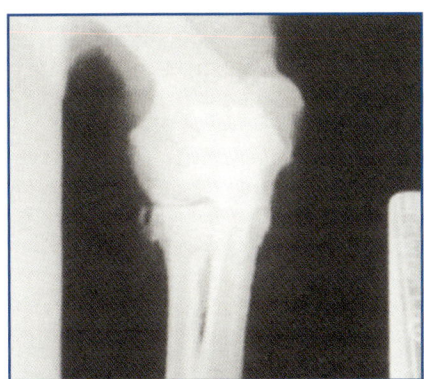

Ein fragmentöser Koronoidprozeß des Ellbogens, also eine Ellbogengelenks- dysplasie.
Mit Dank an Dr. Jack Henry.

züglichen Bestimmungen glücklicherwei- se inzwischen geändert worden, so daß auch die „leichten" Fälle heute nicht mehr als zuchttauglich zugelassen sind.

Es gibt Anhaltspunkte dafür, daß neben genetisch Bedingten Auslösern noch ande- re Faktoren bei diesen Krankheiten eine Rolle spielen könnten, wie beispielsweise eine sehr kalorienreiche Ernährung, in der auch große Mengen von Kalzium und Pro- teinen enthalten sind und die so die Ent- wicklung von Osteochondrose bei gefähr- deten Hunden fördert. Auch ungeregelte und übertrieben ausgeführte körperliche Aktivitäten können oftmals zu Verletzun- gen der Knochenknorpel führen und sind somit ebenfalls als Risikofaktoren zu betrachten.

Hüftgelenksdysplasie

Das Auftreten von Hüftgelenksdysplasie ist für insgesamt 79 Hunderassen nachge- wiesen. Es handelt sich hierbei um eine genetisch bedingte Mißbildung der Gelenkkugel und der Gelenkpfanne mit klinischen Anzeichen für keine bis schwe- re Hüftlahmheit. Die ersten Symptome können sich bereits sehr früh, nämlich in einem Alter von nur fünf Monaten bemerk- bar machen, jedoch kommt es nicht selten vor, daß das erst im Alter von zwei Jahren der Fall ist. Die Feststellung der Anomalie kann durch einen DNA-Test oder bei bereits erwachsenen Hunden auch anhand von Röntgenaufnahmen erfolgen.

Die krankhafte Veränderung des Gelenks beginnt innerhalb der ersten 24 Lebens- monate, in denen sich dann entscheidet, ob und in welcher Schwere die Krankheit ausbricht. Die Erbmasse dieser Hunde ist jedoch in jedem Fall vorbelastet, was sie automatisch aus der weiteren Zucht aus- schließt. Auch hier wird nach Grad I bis Grad III-Fällen unterschieden. Obwohl die Hüftgelenksdysplasie als Gelenkkrankheit bei größeren Hunden bekannt ist, weisen einige Kleinhundrassen ebenfalls zahlrei- che Fälle dieser orthopädischen Schäden auf - der Shih Tzu gehört leider auch dazu. Heute ist es anhand verschiedener Fakto- ren möglich zu beurteilen, ob sich bei einem Hund mit nachgewiesenen Anzei- chen für Hüftgelenksdysplasie letztlich auch Symptome entwickeln werden. Zu den dabei zu beurteilenden Faktoren gehören die Körpergröße, der Körperbau, Wachstumsmerkmale sowie der Kalori- engehalt und das Elektrolytgleichgewicht in der Ernährung des betreffenden Tieres. Auch wenn immer wieder behauptet wird, der Shih Tzu gehöre nicht zu den unter Hüftgelenksdysplasie leidenden Rasse, so entspricht das leider nicht den Tatsachen. Basierend auf den Forschungsergebnissen der Orthopedic Foundation for Animals in den USA mit Stand Januar 1995, wurde bei 18,3% aller dort untersuchten Shih Tzus Hüftgelenksdysplasie festgestellt. Bei der Auswahl eines Shih Tzu sollten Sie sich des- halb unbedingt vergewissern, daß die

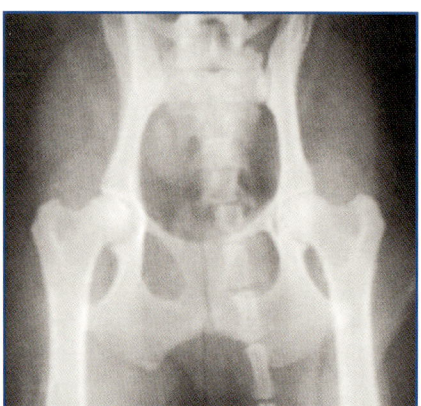

Diese Röntgen-aufnahme zeigt eindeutig, daß beide Hüftgelenke dieses Hundes frei von Hüftgelenksdysplasie sind.

Elterntiere beide nachweislich frei von Anzeichen für Hüftgelenksdysplasie sind. Erwerben Sie dennoch einen Welpen mit einer Veranlagung (z.B. Grad I) für diese Krankheit, können Sie einiges tun, um das Risiko für das Auftreten von Symptomen einzudämmen. Sie sollten beispielsweise ein Futter mit einem nicht zu hohen Proteingehalt auswählen und die Super-Premium-Marken sowie solche mit hohem Kaloriengehalt meiden. Außerdem sollten Sie generell mehrere kleine Mahlzeiten am Tag verabreichen und auf alle zusätzlichen Nährstoffbeigaben wie Kalzium-, Phosphor- und/oder Vitamin D-Supplemente verzichten. Ein weiterer Punkt sind kontrollierte Aktivitäten mit dem Welpen wie Spaziergänge an der Leine, anstatt den Hund ausgelassen herumtollen und/oder sogar auf, über oder von Dingen springen zu lassen. Dadurch würden die noch im Wachstum befindlichen Gelenke über Gebühr belastet und die bereits vorhandene Neigung zu Hüftgelenksdysplasie würde begünstigt werden.

Die Tatsache, daß Sie vielleicht einen Hund mit Hüftgelenksdysplasie besitzen, bedeu-

tet jedoch noch nicht, daß alles verloren ist und Sie das Tier besser einschläfern lassen sollten. Das klinische Bild dieser Krankheit ist ausgesprochen vielgestaltig. Es kann sogar passieren, daß Hunde mit einer schweren Grad III-Diagnose kaum durch Schmerzen beeinträchtigt werden, wohin-

Auch wenn bei
Shi Tzus die HD
selten vor-
kommt, so sind
sie eben doch
nicht frei davon.
Hunde die eine
Veranlagung zu
HD haben sollten
nur an der Leine
spazierengehen
und nicht ausge-
lassen heumtol-
len oder auf oder
über Gegenstän-
de springen.
Foto: Robert
Smith

gegen solche mit nur einer schwachen Ver-anlagung unter Umständen unter heftigen Schmerzen zu leiden haben. Der eigentlich ausschlaggebende Punkt bei dieser Erkran-kung ist der, daß die Dysplasie der Hüft-gelenke die Entstehung von degenerativen Gelenkkrankheiten wie der Osteoarthritis oder Osteoarthrose begünstigt, die letzt-endlich in der völligen Unbrauchbarkeit der Gelenke gipfeln. In einem frühen Sta-dium sind Medikamente wie Aspirin und andere entzündungshemmende Mittel hilfreich, jedoch ist eine Operation bei Fäl-len von starken Schmerzen, einer erheblichen Beeinflussung der Bewegungsabläufe oder bei einem Ausbleiben der Reaktion auf verabreichte Medikamente unumgänglich.

Schilddrüsenunterfunktion

Hormonelle Funktionsstörungen der Schilddrüse konnten bei über 50 Hunderassen nachgewiesen werden. Es ist die am häufigsten auftretende Drüsenerkrankung bei Hunden im Allgemeinen und beim Shih Tzu im Besonderen. Die Krankheit entsteht durch eine Unterfunktion der Schilddrüse, das heißt, durch eine Unterproduktion der Schilddrüsenhormone. Verantwortungsbewußte Züchter lassen ihre Hunde daraufhin untersuchen, sobald sie feststellen, daß eine derartige Krankengeschichte in der gesamten Rasse oder einer speziellen Zuchtlinie vertreten ist.

Die Krankheit beginnt ihre Entwicklung am häufigsten in einem Alter zwischen einem und drei Jahren, wobei klinische Anzeichen erst in späteren Jahren erkennbar werden. Leider sind diesbezüglich eine ganze Reihe von Falschinformationen in Umlauf. Viele Hundehalter glauben beispielsweise, daß ein derart erkrankter Hund plötzlich zu Übergewicht neigen müsse und ignorieren deshalb alle anderen Symptome. Tatsächlich ist das Krankheitsbild aber sehr variabel, und Übergewicht tritt nur sehr selten in Erscheinung. In den meisten Fällen erscheinen die Hunde kerngesund, bis der Großteil ihrer Schilddrüsenhormone aufgebraucht ist und sich die ersten Symptome wie ein Mangel an Energie und periodisch auftretende Infektionen einstellen. Bei einem Drittel aller Krankheitsfälle ist auch Haarausfall festzustellen.

Im Allgemeinen wird angenommen, daß die Diagnose in einem solchen Fall recht einfach sei, jedoch entspricht das nicht ganz den Tatsachen. Der Körper verfügt über ziemlich große Reserven an Schilddrüsenhormonen, so daß eine einfache Blutuntersuchung zur Feststellung des Hormongehaltes nicht zuverlässig ist. Stimulationstests der Schilddrüse sind dagegen der bessere und effektivere Weg zu einer Früherkennung.

Gerade weil der Shih Tzu so anfällig für solcherlei Funktionsstörungen der Schilddrüse ist, sind regelmäßige Tests besonders

wichtig. Obwohl keine dieser Untersuchungen wirklich hundertprozentig zuverlässig ist, geben sie doch wertvolle Hinweise auf möglicherweise vorhandene Anzeichen einer solchen Krankheit und ermöglichen so ein vorbeugendes Eingreifen.

Die Behandlung einer Schilddrüsenunterfunktion ist problemlos und nicht besonders teuer. Sie besteht darin, daß dem Tier täglich angemessene Mengen von funktionsregulierenden Medikamenten verabreicht werden. Wird die Erkrankung nicht behandelt, kann das Tier unter ernsten Beschwerden leiden, die seine Gesundheit auf längere Sicht völlig ruinieren. In jedem

Allergien treten beim Shih Tzu häufig auf. Im Laufe eines Jahres werden Unmengen von Pollen freigesetzt, die allergische Reaktionen auslösen können.

Fall sind derart erkrankte Hunde von der Zucht auszuschließen.

Allergien

Gewöhnlich kommt es zu solchen Beschwerden, wenn bestimmte Stoffe eingeatmet werden, die allergische Reaktionen auslösen. In der Regel handelt es sich dabei um Pollen von verschiedenen Gräsern und blühenden Bäumen, Schimmelpilzsporen, Hausstaub und Staubmilben - das Ganze könnte auch als „Hundeheuschnupfen" bezeichnet werden.

Die Anzeichen für solche Allergien sind allerdings nicht wie beim Menschen mit häufigem Niesen verbunden, sondern äußern sich eher im intensiven Lecken und Kauen an den Vorderpfoten, Kratzen am Körper und Reiben der Schnauze. Außerdem können Ausschlag auf dem Bauch, in den Achselhöhlen und Armbeugen sowie daraus entstehende Hautinfektionen auftreten. Bei den meisten allergischen Hunden stellen sich derartige Anzeichen ab dem sechsten Lebensmonat ein.

Ähnlich wie beim Menschen können der oder die Erreger anhand von Hauttests festgestellt werden. Zu diesem Zweck wird

Anzeichen für eine Allergie bei Hunden ist nicht ständiges Niesen, sondern ein intensives Lecken und Kratzen an der Vorderpfote bzw. ein Reiben der Schnauze.
Foto: E. Egner

eine rechteckige Fläche an der Körperseite des Hundes rasiert und die potentiellen allergieauslösenden Substanzen individuell unter die Haut injiziert. In vielen Fällen werden 40 oder mehr mögliche Allergien getestet, weshalb die rasierte Fläche groß genug sein muß, um alle infragekommenden Substanzen einzeln injizieren zu können. Beim Shi Tzu nimmt diese Fläche gewöhnlich eine komplette Brusthälfte in Anspruch. Die Prozedur ist relativ schmerzlos, und es wird nur eine winzige Menge mit einer sehr feinen Nadel direkt unter die Haut eingespritzt.

Eine andere Methode sind Blutuntersuchungen, die allerdings auch heute noch nicht sonderlich zuverlässig sind. Sie sind jedoch die beste Methode in Fällen, wo die Allergie bereits im fortgeschrittenen Stadium ist und die Haut somit schon zu verdickt und entzündet ist, um einen verläßlichen Hauttest durchzuführen.

Leichte Krankheitsfälle lassen sich erfolgreich mit Antihistaminen, Fettsäuregaben (Eicosapentenolsäure und Gamma-Linolensäure) und bestimmten Badezusätzen behandeln. Hunde, bei denen die Allergie länger als drei bis vier Monate im Jahr anhält oder einen besonders schweren Verlauf nimmt, werden vielfach durch entsprechende Impfungen immunisiert. Corticosteroide (Steroidverbindungen aus Extrakten der Nebennierenrinde) können zwar den Juckreiz erheblich eindämmen, verursachen allerdings bei Langzeitanwendung andere Gesundheitsprobleme. Einer der schnellsten und effektivsten Wege zur Erleichterung des durch die Allergie verursachten Unbehagens ist ein entspannendes Bad. Die Wirkung hält natürlich nicht lange an, vermindert jedoch wenigstens vorübergehend den Juckreiz.

Das Badewasser sollte zu diesem Zweck eher kühl sein, denn zu warmes Wasser verstärkt das Jucken. Es ist ratsam, dem Badewasser etwas Bittersalz oder einen der beim Tierarzt erhältlichen medizinischen Badezusätze beizufügen, um so eine etwas länger anhaltende Wirkung zu erzielen. Generell wird jedoch auch ein Bad mit medizinischen Zusätzen den Juckreiz nicht länger als einige Tage unterbinden, doch liegt der Vorteil darin, daß diese Bäder regelmäßig wiederholt werden können. Einige der speziellen Badezusätze enthalten heute sogar unbedenkliche Mengen an Corticosteroiden und wirken deshalb noch besser und länger. Darüberhinaus sind beim Tierarzt verschiedene Hautsprays erhältlich, die sicher angewandt werden können und dem Hund eine weitere, wenn auch ebenfalls nur vorübergehende Erleichterung verschaffen. Kommt es durch die Allergie zu Folgeinfektionen der Haut, sind auch diese von einem unangenehmen Juckreiz begleitet, weshalb in manchen Fällen schwerere Medikamente wie Antibiotika verordnet werden.

Die einzig relativ sichere Methode zur Verhinderung solch allergischer Reaktionen ist die, Welpen von Elterntieren auszuwählen, die beide unter keinerlei Allergien leiden. Leider handelt es sich hierbei jedoch auch nur um eine bedingte Sicherheit, denn unter Umständen können die Tiere bereits miteinander verpaart worden sein, bevor eine Neigung zu Allergien erkennbar war.

Aseptische Nekrose des Oberschenkelhalses (Calvé-Legg-Perthes- Krankheit)

Hierbei handelt es sich um ein fehlerhaftes Hüftgelenk. Die Krankheit tritt am häufigsten bei den Jungtieren kleiner Rassen auf, zu denen auch der Shih Tzu zählt. Die meisten Krankheitsfälle machen sich bei Tieren im Alter zwischen vier und zwölf Monaten bemerkbar.

Der genaue Ursprung der Krankheit ist auch heute noch unbekannt, jedoch sagt die Statistik, daß in 85% aller Fälle nur ein Bein betroffen ist. Es wird stark vermutet, daß es sich um eine genetisch bedingte Mißbildung handelt, die unterschiedlich stark autosomal rezessiv vererbt wird. Die betroffenen Hunde leiden gewöhnlich unter Lahmheit, die oftmals mit starken Bewegungsschmerzen verbunden ist. An dem befallenen Bein kann in vielen Fällen ein Verkümmern der Muskulatur beobachtet werden. Obwohl Röntgenaufnahmen einen sehr deutlichen Hinweis auf die Krankheit liefern, bringt erst eine Biopsie die letzte Sicherheit.

Aus noch ungeklärten Gründen stirbt der Oberschenkelkopf ab und zerfällt. Die derzeit einzige effektive Behandlung besteht in einer Resektion (Entfernung) des Oberschenkelkopfes, denn es bestehen kaum Aussichten darauf, daß sich das Problem von allein löst. Derart erkrankte Hunde und deren Welpen sowie alle engen Verwandten der betroffenen Zuchtlinie sollten nicht zur Zucht benutzt werden.

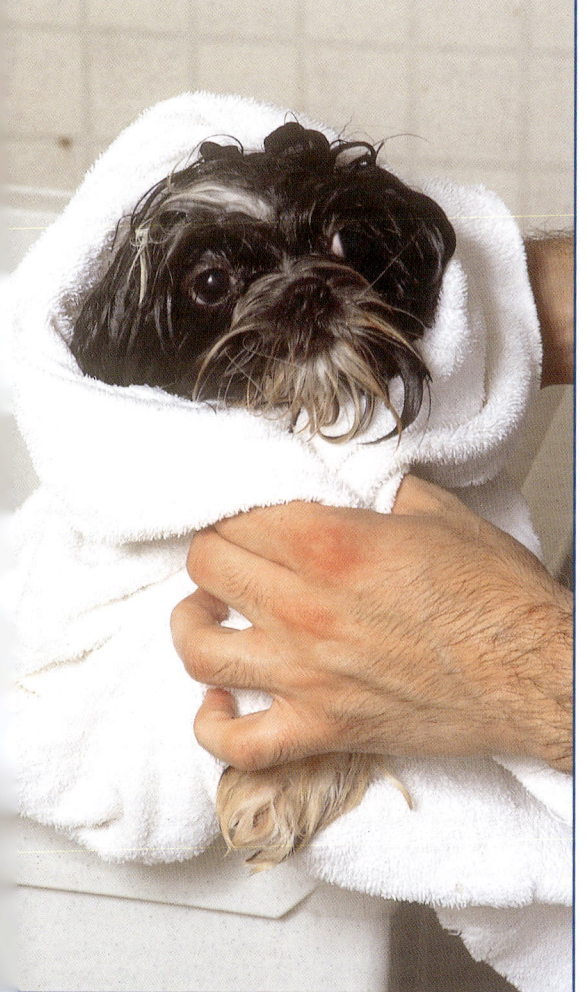

Der schnellste Weg zur Erleichterung bei allergischen Reaktionen ist ein kühles Bad mit Hafermehlpulver oder Bittersalz. Dieser Welpe wirkt jedenfalls erleichtert und entspannt.

Mediale Kniescheibenverrenkung

Dieses Phänomen kommt zustande, wenn die Kniescheibe aus ihrer normalen Position herausrutscht und sich dann meistens an der Knieinnenseite verklemmt. Es handelt sich um ein erbliches Problem, das sich durch das Ausweiten des

Gewebes und eine fortschreitende Deformation des Knochens im Laufe der Zeit verschlimmert. Auch hiervon sind wieder am häufigsten die kleinen und Toy-Hunderassen betroffen.

Die Schwere der Erkrankung wird gewöhnlich in Grade (Grad I, schwach bis Grad IV, schwer) unterteilt, die danach bestimmt werden, wie locker die Kniescheibe sitzt. Die Verschiebung kann medial (mittig) als auch lateral (seitlich) auftreten, und die Kniescheibe kann hierbei lediglich unilateral (einseitig) aber auch bilateral (beidseitig) geschädigt sein. Es kann, muß jedoch nicht zwingendermaßen, dadurch zu Problemen im Bewegungsablauf und Schmerzen kommen.

Die Diagnose erfolgt durch einen Test, bei dem das Kniegelenk manipuliert wird, um festzustellen, ob sich die Kniescheibe in Richtung Knieinnenseite verschiebt. Diese Untersuchung ist gewöhnlich mit keinen oder nur unwesentlichen Schmerzen für das Tier verbunden. Röntgenaufnahmen tragen ebenfalls zu einer sicheren Diagnose bei.

Ältere Hunde und als Grad I-Fälle diagnostizierte sprechen mitunter gut auf konservative Therapien an, jedoch wird bei jungen Hunden oftmals zu einer Operation geraten, bevor arthritische Veränderungen auftreten. Es stehen mehrere Operationstechniken zur Verfügung, die alle eine hohe Erfolgsquote für sich verbuchen können. Nach einem solchen Eingriff benötigt das Tier unbedingt bis zu sechs Wochen Ruhe, damit der Heilungsprozeß nicht negativ beeinflußt wird. Das heißt kein Herumtollen, Springen oder Jagen, sondern lediglich kurze Spaziergänge an der Leine.

Auch hier liegt die einzige mögliche Vorsorgemaßnahme in der Auswahl eines Welpen, der aus einer von dieser Krankheit freien Zuchtlinie stammt.

Netzhautatrophie

Bei dieser Krankheit haben wir es mit einer schnell voranschreitenden Verringerung der Sehfähigkeit zu tun, die in völliger Blindheit endet. Der Auslöser ist ein defektes Gen, das bereits bei mindestens einer der betroffenen Rassen entdeckt und identifiziert werden konnte. Im Gegensatz zu einigen anderen Erbkrankheiten, sind hier innerhalb der Hunderassen unterschiedliche spezifische Erbgutmerkmale und Altersstufen beim Krankheitsausbruch erkennbar. Beim Shih Tzu konnte das verantwortliche Gen bisher nicht einwandfrei identifiziert werden.

Bei einigen Rassen geht die Krankheit mit einer progressiven Degeneration des Netzhautgewebes einher. Der Verlust der Sehfähigkeit schreitet langsam aber stetig voran, weshalb sich die meisten Hunde an ihre verminderte Sehfähigkeit problemlos anpassen, bis sie letztlich fast völlig blind sind. Aus diesem Grunde wird die Krankheit oftmals erst dann vom Halter entdeckt, wenn sie schon sehr weit fortgeschritten ist. Nur in den wenigsten Fällen sind frühe sichtbare Veränderungen des Auges vorhanden, ein Umstand, der die Krankheit so unberechenbar macht. Erst wenn die Erblindung bereits eingetreten ist, wird der Zustand offensichtlich. Im frühen Entwicklungsstadium der Krankheit kommt es zuerst zu Nachtblindheit, die jedoch auch nur in den seltensten Fällen vom Halter als solche erkannt wird. Durch die Tatsache, daß die meisten Hunde so exzellent ausgeprägte andere Sinne wie den Geruchssinn und die Hörfähigkeit besitzen, ist die eingeschränkte Sehfähigkeit keineswegs auffällig.

Die Diagnose kann anhand von zwei Untersuchungsmethoden erstellt werden - die erste ist eine direkte Visualisation der Netzhaut, die andere eine Elektroretinographie. Eine indirekte Ophthalmoskopie erfordert viel Training und die Erfahrung eines Experten, weshalb diese Untersuchungstechnik meistens nicht von „normalen" Tierärzten, sondern fast ausschließlich von Augenspezialisten durchgeführt wird. Die Elektroretinographie ist ebenfalls eine knifflige Sache und wird gewöhnlich auch nur von Spezialisten angewandt. Die Untersuchung ist schmerzlos, und das verwendete Instrument sensibel genug, um ab einem Alter von neun Monaten selbst die frühesten Anzeichen der Krankheit zu erkennen.

Leider gibt es für die Netzhautatrophie

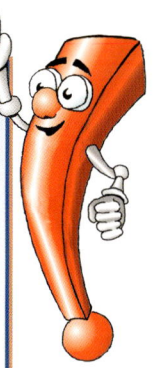

… und denken Sie dran

Werden Sie auf Abweichungen im normalen Verhalten Ihres Hundes aufmerksam, zögern Sie nicht, umgehend Ihren Tierarzt aufzusuchen. Eine rechtzeitig erkannte und behandelte Krankheit ist meistens schnell wieder vergessen - verschleppte Krankheitssymptome machen eine korrekte Diagnose schwierig und verlängern den Heilungsprozeß erheblich.

derzeit noch keine effektive Behandlungsmethode, was zu Folge hat, daß alle betroffenen Hunde letztendlich erblinden. Gerade deshalb ist die Früherkennung der Krankheit besonders wichtig, denn nur so kann verhindert werden, daß sie durch vorbelastete Elternteile weitervererbt wird. Obwohl die Früherkennung anhand von DNA-Tests heute schon bei einigen Rassen möglich ist, handelt es sich dennoch um eine teure Untersuchung, die in speziellen Laboratorien vorgenommen werden muß und die sich nicht jeder Züchter oder Halter leisten kann.

Dieser Shih Tzu heißt Sir Champagne on the Rein und verfügt offensichtlich über gesunde Gelenke, die ihm das Springen erlauben.

Hier ein typisch amerikanischer Ausstellungshund. In den USA werden die Shih Tzus zu Ausstellungszwecken besonders gestylt.

Nierendysplasie

Hierbei handelt es sich um einen Entwicklungsdefekt der Nieren. Die funktionellen Niereneinheiten (Nephrone) bilden sich nicht aus und verweilen in einem infantilen Entwicklungsstadium und versagen letztendlich.

Der Verlust der Nephrone schreitet im Verborgenen voran, und es können Monate oder auch Jahre vergehen, ohne daß irgendwelche Symptome auftreten. Erst wenn bereits zwei Drittel der Nephrone zerstört sind, werden erste klinische Anzeichen erkennbar. Diese bestehen aus einem erhöhten Trinkbedürfnis und häufigem Urinieren. Dieses Stadium der Krankheit bezeichnet man als kompensierte Nierenuntauglichkeit. Wenn drei Viertel der Nephone zerstört sind, kommt es zum Nierenversagen. Die Nieren sind nicht mehr in der Lage, Gifte aus dem Blut herauszufiltern, und die betroffenen Hunde leiden unter Vergiftungserscheinungen (Uremie). Die Krankheit präsentiert sich klinisch auf unterschiedliche Weise. In den schlimmsten Fällen zeigen die Hunde ab einem Alter von acht Wochen erste Symptome. Der Tod tritt nur kurze Zeit später ein. In weniger schweren Fällen können die Symptome erst mit sechs Monaten auftreten. Diese Hunde sterben meistens noch vor dem Ende des ersten Lebensjahres. Beim Shih Tzu wirken sich die leichten Fälle am schwersten auf die gesamte Rasse aus, denn diese Hunde leben normalerweise lange genug, um ihre mutierten Gene an neue Generationen weiterzugeben. Sie können viele Jahre leben, bevor es zum Nierenversagen kommt, so daß niemand den Verdacht auf eine ererbte Nierendysplasie hegen wird, denn Nierenkrankheiten sind bei älteren Hunden aller Rassen schließlich keine Seltenheit.

Die beste Möglichkeit zu einer frühzeitigen Diagnose der Krankheit sind regelmäßige Urinuntersuchungen. Solche Tests sind unkompliziert, preiswert und lassen eine Nierenuntauglichkeit sicher erkennen. Wenn die Nephrone in ihren Schadstoffe konzentrierenden Aktivitäten versagen, wird der Urin „dünner". Die meisten Shih Tzus mit einer normalen Nierenfunktion weisen ein spezifisches Uringewicht von 1.030 oder höher auf. Die Urinkonzentration sinkt mit zunehmender Untätigkeit der Nieren. Bei kaum noch vorhandener Nierenfunktion liegt das spezifische Uringewicht zwischen 1.008 und 1.012. Blutuntersuchungen, bei denen der Harnwert und der Kreatiningehalt untersucht werden, lassen Nierenprobleme nur erkennen, wenn bereits 75 % oder mehr der Nierenkapazität verloren sind. Die definitive Diagnose einer Nierendysplasie verlangt eine Biopsie. Das gestaltet sich bei einem lebenden Tier relativ unpraktisch, weshalb an jedem Shih Tzu, der an Nierenversagen stirbt, eine Autopsie durchgeführt werden sollte.

Bei einem Nierenversagen gibt es keine Heilung. Es können Dialysen durchgeführt werden, jedoch sind diese anstrengend, teuer und zögern das Ende lediglich etwas hinaus. Es wurden auch schon Nierentransplantationen vorgenommen, was in einigen Fällen als eine Möglichkeit in Erwägung gezogen werden kann. Eine proteinarme Ernährung, die reich an spezifischen Aminosäuren ist und einen niedrigen Phosphatanteil hat, ist bei leichten Krankheitsfällen sicherlich einen Versuch wert. In keinem Fall sollten an Nierendysplasie leidende Shih Tzu für die Zucht benutzt

Das Temperament des Shih Tzu macht ihn zum perfekten Schoßhund. Dieser entzückende Kerl hier ist kaum größer als das Blumengesteck neben ihm.

werden, auch dann nicht, wenn es sich nur um leichte Fälle von Nierenfunktionsstörungen handelt.

Geschwürige Hornhautentzündung (Keratitis)

Als ulzoröse Hornhautentzündung wird die Bildung von Geschwüren auf der Hornhautoberfläche bezeichnet. Da der Shih Tzu, wie auch die Vertreter einiger anderer Rassen, ein langes Haarkleid und große, vorstehende Augen besitzt, gilt er als besonders anfällig für derartige Augenpro-

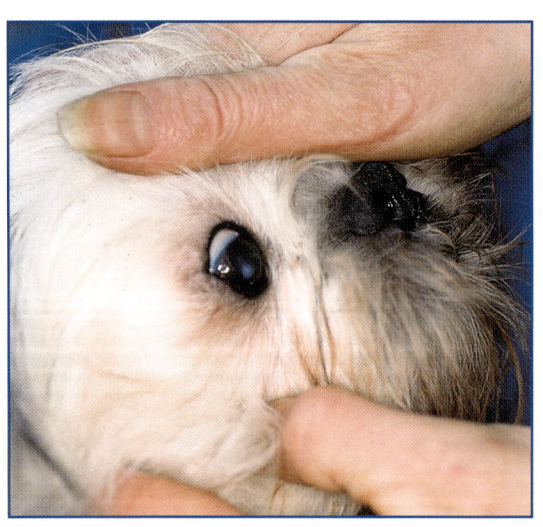

Einmal jährlich sollten die Augen eines Shih Tzus auf Netzhautatrophie untersucht werden. Foto: Archiv bede-Verlag

bleme. Hierzu zählen Reizungen der Augenoberfläche durch Infektionen, Trauma, Kontakt mit den Wimpern sowie Reaktionen auf das Eindringen von Haaren, Staub, Schmutz und Giftstoffen. Ein daraus entstehendes Geschwür kann oberflächlich oder auch tief genug sein, um das Auge zu punktieren.

Die mit einem solchen Geschwür einhergehenden Symptome sind übermäßiges Blinzeln, Schmerzen, tränende Augen (Epiphorie) und allgemeines Unwohlsein. Das Ausmaß des Schadens wird mittels einer vorsichtigen Untersuchung und der Anwendung von Fluorescein festgestellt. Dadurch erkennt der Arzt die oberflächliche Ausdehnung des Geschwüres, kann jedoch nicht zwingendermaßen gleichzeitig erkennen, wie tief es bereits in das Auge eingedrungen ist.

Es gibt eine Reihe von Behandlungsmethoden, die ganz davon abhängen, wie tief das Hornhautgeschwür reicht. Eine Behandlung mit Antibiotika, künstlicher Tränenflüssigkeit und Atropin ist in leichteren Fällen wahrscheinlich ausreichend. Eher chronische Fälle oder tief eingewachsene Geschwüre machen Kollagenauflagen oder sogar einen operativen Eingriff erforderlich. Auch hierfür stehen wieder mehrere Techniken zur Verfügung.

Diese Art von Augenerkrankung ist nicht genetisch bedingt, sondern offenbar eine nachteilige Erscheinung, wenn man große Augen in einem von langen Haaren umgebenen Gesicht hat.

Von Willebrand-Krankheit

Diese Krankheit wurde bereits bei mehr als 50 Rassen nachgewiesen, gilt als die häufigste Bluterkrankheit bei Hunden überhaupt und ist erfreulicherweise heilbar. In Deutschland ist diese Krankheit nicht sehr häufig feststellbar. Das dafür verantwortliche geschädigte Gen kann von einem

Die Von Willbrand-Krankheit ist zwar die häufigste Bluterkrankung bei Hunden überhaupt, kommt aber in Deutschland erfreulicherweise nur selten vor. Foto: C. Vorderstemann

oder beiden Elterntieren vererbt werden. Sind beide Elternteile Träger des Gens, sind deren Welpen meistens nicht lebensfähig und sterben schon bald nach der Geburt. Die Krankheit zeichnet sich durch mäßig starke bis unkontrollierbar schwere Blutungen aus, für die eine mehr oder minder verringerte Gerinnungsfähigkeit des Blutes verantwortlich ist. Die Schwere der Krankheit ist sehr variabel - ein Welpe verfügt vielleicht nur über eine Blutgerinnungsfähigkeit von 15%, wohingegen ein anderer mit derselben Krankheit 60% aufweisen kann. Umso höher dieser Prozentsatz ist, desto unwahrscheinlicher ist es, daß die Krankheit frühzeitig erkannt wird, denn spontane Blutungen sind gewöhnlich erst ab einem Prozentsatz von unter 30% zu erwarten. Daher werden viele Hunde erst mit dieser Krankheit diagnostiziert, wenn sie durch eine Operation wie z.B. eine Kastration zutage tritt. In solchen Fällen kommt es dann während des Eingriffs zu unkontrollierbaren Blutungen und/oder zu Blutergüssen (Hämatomen) an der Operationsstelle.

Neben der vererbten Form der Von Willebrand-Krankheit gibt es noch eine andere, die beim Shih Tzu oftmals erst in einem Alter von über fünf Jahren auftritt und mit einer Schilddrüsenunterfunktion in Zusammenhang steht.

Untersuchungen auf die Von Willebrand-Krankheit hin sind beim Shih Tzu deshalb besonders wichtig, weil innerhalb der Rasse ein Anstieg der Fälle zu beobachten ist. Anhand des Von Willebrand-Tests ist es jedoch möglich, den Gerinnungsfaktor einfach und genau zu bestimmen und somit alle Exemplare mit vom Normalen abweichenden Werten aus dem Zuchtprogramm auszuschließen. Auch die Hunde, die keine Symptome zeigen, aber nachweislich Träger der Krankheit sind, sollten nicht zum Züchten verwendet werden. Wegen der oftmals festzustellenden Verbindung mit einer Schilddrüsenunterfunktion ist eine entsprechende Schilddrüsenuntersuchung ebenfalls eine gute Möglichkeit für die Diagnose bei einem älteren Shih Tzu.

Andere häufiger auftretende Erkrankungen beim Shih Tzu

Achondroplasie (Kurzbeinigkeit)	Exophthalmie/Lagophthalmie
Geschwülstige Trichiase	Offene Keratopathie
Hasenscharte (autosomal rezessiv vererbt)	Hypertrophische Pyloris-Gastrophie
Wolfsrachen	Macroblepharie
Hauttaschen	Unterbiß
Distichiase	Pigmentöse Keratitis
Nach außen verwachsene Augenwimpern	Hornhautablösung
Entropion (Einwärtsdrehung des Augenlids)	Traumatische Proptose (Herunterhängendes Augenlid durch Nervenschaden)

Wie schützen Sie Ihren Shih Tzu vor Parasiten und Mikroben

Ein wichtiger Punkt in der Gesunderhaltung eines Shih Tzu ist die Vermeidung von Gesundheitsproblemen durch Parasiten und pathogene Mikroben. Obwohl viele verschiedene Medikamente zur Bekämpfung solchermaßen ausgelöster Erkrankungen verfügbar sind, ist Vorbeugung stets die bessere Lösung. Die wirksamsten Vorsorgemaßnahmen zu kennen, bedeutet ein reduziertes Risiko, keinen quälenden Juckreiz und niedrigere Kosten.

Flöhe

Hier handelt es sich nicht nur um den unangenehmsten Außenparasiten für Hunde, sondern auch um eine Plage für den Halter – allerdings nicht für jeden, denn Flöhe sind kein Muß.

In regenreichen Jahren kann es jedoch zu regelrechten Flohepidemien kommen, die nicht nur dem Hunden furchtbar zu schaffen machen – diese Plagegeister beschränken sich in einer solchen Situation nicht nur auf den Hundekörper und seinen Schlafplatz, sondern verbreiten sich in kurzer Zeit

Dieser kleine Shih Tzu möchte nach dem Spielen draußen gerne wieder ins Haus. Vorher muß er aber auf Flöhe und Zecken untersucht werden, die sich vielleicht im Fell eingenistet haben.

Das bemerkenswerteste Kennzeichen des Shih Tzu ist sein Fell, das auch von Flöhen geliebt wird. Eine sorgfältige Fellpflege schafft hier Abhilfe.

über das gesamte Haus, nisten sich in Teppichen, Polstermöbeln und Betten ein und machen in ihrer Blutgier vor nichts und niemandem halt.

Die althergebrachte Weisheit, daß nur ungepflegte Hunde von Flöhen befallen werden, trifft keinesfalls zu. Der Floh fühlt sich in jeder Situation wohl, so lange er nur seinen Hunger nach Blut stillen kann. Erste Hinweise auf einen Flohbefall sind zunächst ein auffälliger Juckreiz und dementsprechend häufiges Kratzen. Auf der Haut sind dann bis zu linsengroße, geschwollene und gerötete Flohbisse erkennbar.

Die von den Flöhen bevorzugten Stellen befinden sich vor allem in der Kopf-Halsregion, an der Kruppe sowie auch an den Innenflächen der Hinterbeine, in den „Achselhöhlen" und den Ohrinnenseiten. Durch das ständige Kratzen kommt es zu Entzündungen der Bißstellen, die so den geeigneten Nährboden für Sekundärinfektionen bieten. Durch das Kratzen wird der Kot des Flohs in die Wunde gerieben, oder er wird sogar gefressen, wenn das Kratzen mit den Zähnen erfolgt. So kommt es dann zur Infektion mit dem Hundebandwurm.

Die meisten Hunde reagieren auf einen Flohbiß allergisch. Das heißt, genaugenommen ist nicht der Biß, sondern der Speichel des Flohs der Auslöser einer allergischen Reaktion, die oftmals zu so schweren Infektionen der Bißwunde führen kann, daß eine ärztliche Behandlung erforderlich wird. Aus diesem Grunde ist es ratsam, vom zeitigen Frühjahr bis in den Herbst hinein zu entsprechenden Vorsorgemaßnahmen zu greifen. Es sind zahlreiche effektive Produkte erhältlich, die vom Anti-Floh- und Zeckenshampoo bis hin zu speziellen Flohpudern, –sprays oder -bädern reichen. Regelmäßig angewendet, schützen sie den Hund vor Flohattacken und ersparen ihm so diese äußerst unangenehme Erfahrung.

Ein Flohkamm ist nicht die schlechteste Lösung. Sie bürsten bevorzugt den Schwanz, den Kragen, die „Achselhöhlen", den Rücken sowie die Hals- und Brustregion aus. Diese mit den losen Haaren herausgebürsteten Flöhe werden am besten in Alkohol getaucht, wo sie schnell sterben und nicht mehr entweichen können. Nicht besonders effektiv sind hingegen die bekannten „Anti-Floh-Halsbänder", die bei langhaarigen Hunden kaum einen Erfolg erzielen und bei kurzhaarigen lediglich den Bereich um den Kopf herum schützen. Außerdem werden durch ein solches Halsband lediglich die Flöhe, jedoch nicht deren Eier getötet. Tierärzte bieten allerdings, wenngleich etwas teurere, dafür aber bedeutend wirkungsvollere Flohhalsbänder an.

Sehr gut wirksam sind die Shampoos, was allerdings voraussetzt, daß das Tier auch regelmäßig gebadet wird. Ebenfalls zu empfehlen sind verschreibungspflichtige Mittel, die auf die Haut geträufelt werden und bis zu vier Wochen wirksam sind, vorausgesetzt, der Hund wird nicht zwischendurch gebadet oder durch Regen bis auf die Haut durchnäßt. Allerdings muß hier unbedingt verhindert werden, daß die stark giftige Flüssigkeit vom Hund abgeleckt wird. Bewährt haben sich auch Mittel in Puderform, die im Bedarfsfall bis zu alle ein bis zwei Wochen in das Fell eingerieben werden und so auf die Haut gelangen. Auch wenn das Fell dadurch im ersten Moment etwas „staubig" und stumpf

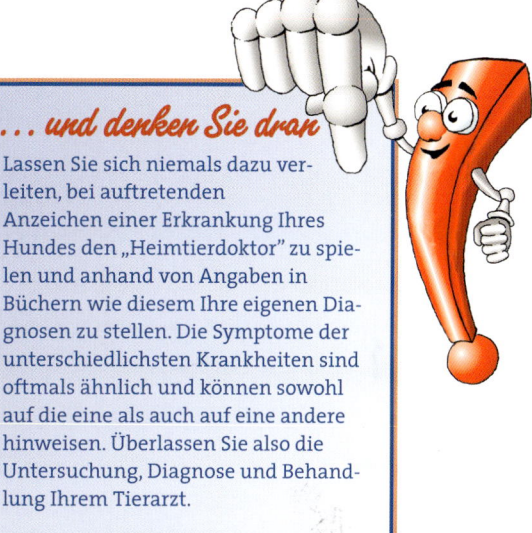

... und denken Sie dran

Lassen Sie sich niemals dazu verleiten, bei auftretenden Anzeichen einer Erkrankung Ihres Hundes den „Heimtierdoktor" zu spielen und anhand von Angaben in Büchern wie diesem Ihre eigenen Diagnosen zu stellen. Die Symptome der unterschiedlichsten Krankheiten sind oftmals ähnlich und können sowohl auf die eine als auch auf eine andere hinweisen. Überlassen Sie also die Untersuchung, Diagnose und Behandlung Ihrem Tierarzt.

Ein Flohkamm hilft bei der Entfernung von Flöhen. Die Quälgeister werden dann in einen Behälter mit Alkohol gegeben, wo sie absterben, bevor sie sich erneut einen Wirt suchen können.

Es gibt eine ganze Reihe geeigneter Mittel gegen Flöhe. Vorbeugende Maßnahmen sind hier sehr wichtig, da sie sich schnell vermehren und verbreiten. Sie machen dabei auch vor Menschen nicht halt.
Foto: R. Klaar

erscheint, gibt sich dieser Zustand innerhalb von einer halben bis einer Stunde, wenn sich der Hund einige Male gründlich geschüttelt hat. Der Puder bleibt so lange wirksam, bis der Hund im Regen naß oder gebadet wird. Wichtig ist, daß das Tier nach Auftragen des Puders für mindestens 12 Stunden nicht gebürstet werden sollte, damit sich der Wirkstoff auf der Haut ablagern kann. Hierbei wird nicht nur jeder erwachsene Floh umgehend getötet, sondern auch jedes schlüpfende Ei.

Seit 1994 gibt es in Europa auch eine Vorsorgemaßnahme in Form von Tabletten, die beim Tierarzt erhältlich sind und mit dem Futter verabreicht werden. Der Wirkstoff darin macht die Flohweibchen steril, tötet allerdings nicht den Floh selbst. Mit anderen Worten ist diese Tablette, die einmal monatlich eingenommen werden muß, kein Behandlungsmittel, sondern trägt lediglich auf lange Sicht zur allgemeinen Dezimierung von Flohpopulationen bei.

In jedem Fall muß beachtet werden, daß es sich hier oftmals um giftige Substanzen handelt, mit denen Kinder keinesfalls in Berührung kommen dürfen. In Familien mit Kleinkindern sollte deshalb auch unbedingt auf Flohhalsbänder verzichtet werden. Andererseits können beim Tierarzt auch neue antiparasitäre Mittel erworben werden, die für den Menschen völlig ungefährlich sind.

Es muß an dieser Stelle auch darauf hingewiesen werden, daß nicht alle Produk-

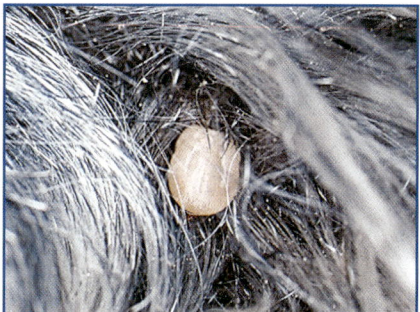

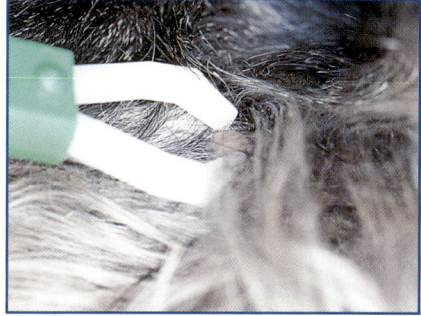

Nachbarschaft umherstreunende Katzen sind oftmals die Überträger von Flöhen. Der Lebenszyklus eines Flohs besteht aus vier Stadien – Ei, Larve, Puppe und erwachsener Floh. Die Floheier befinden sich nur selten auf dem Körper des Hundes. Wenn der erwachsene Floh seine Eier ablegt, fallen diese gewöhnlich aus dem Hundefell heraus und bleiben dort liegen, wo sie eben hinfallen. An diesem Platz – oftmals ist es die Hundedecke oder eine andere Stelle, wo sich der Hund häufig aufhält und ausgiebig kratzt – entwickeln sich über vier Larvenstadien aus den Eiern die fertigen Flöhe. Unter günstigen Bedingungen dauert diese Entwicklungsphase 21 bis 28 Tage. Es ist also ausgesprochen wichtig, daß nicht nur der Hund und andere Haustiere, sondern auch die Hundedecke, die Schlafplätze und alle Stellen im Haus mitbehandelt werden, an denen sich die betreffenden Tiere häufig aufhalten. Nur so kann ein kurze Zeit später erfolgender Neubefall verhindert werden.

Zecken

Diese rötlich braunen bis graublauen, ebenfalls blutsaugenden Quälgeister, die auch Schildzecken genannt werden und zu den Milben gehören, sitzen an halbhohen Sträuchern und Gräsern und krabbeln von dort an den vorbeistreichenden Hund. Dort beißen sie sich mit ihren kräftigen Mundwerkzeugen in die Haut und bohren ihren kompletten Kopf in das Fleisch. In dieser Haltung saugen sie sich mit Blut voll, gewinnen dabei zusehends an Umfang und lassen sich dann einfach wieder vom Hund herunterfallen. Mit „leerem Magen" sehen sie noch winzig aus, haben sie sich jedoch richtig mit Blut vollgesogen, sind sie bis etwa kirschkerngroß und leicht beim

te für die Anwendung bei Welpen oder Junghunden geeignet sind und deshalb in solchen Fällen der Tierarzt zu Rate gezogen werden sollte. Falls sich im selben Haushalt mit dem Hund auch andere Hunde oder Katzen befinden, müssen diese mitbehandelt werden. Besonders in der

Entdecken Sie an Ihrem Hund eine Zecke, so ist es wichtig, daß Sie diese so schnell wie möglich entfernen. Am besten greifen Sie die Zecke mit einer speziellen Pinzette direkt hinter dem Kopf und ziehen sie heraus.
Hier schön zu sehen, daß die Zecke im Ganzen sauber entfernt werden konnte.

Parasiten lieben hohes Gras und dichtes Unterholz, weshalb ein stets kurzer Rasen und ausgelichtete Büsche und Sträucher eine gute Vorbeugung sind.

Abtasten des Hundekörpers zu spüren – sie fassen sich wie eine weiche Warze an.

Diese Art von Blutsaugern ist genau wie der Floh weltweit verbreitet und überträgt je nach Art in verschiedenen Gebieten unterschiedliche Krankheiten. Dazu gehören beispielsweise FSME, Lyme-Borreliose und Babesiose.

Zecken hinterlassen nicht nur häßliche, rötliche und leicht geschwollene Bißwunden, sondern lösen ebenfalls bei vielen Hunden eine allergische Reaktion auf ihren Speichel aus und sind darüberhinaus, wie bereits erwähnt, Überträger von teilweise wirklich gefährlichen, potentiell tödlichen Infektionskrankheiten.

Aus diesen Gründen sollten Zecken umgehend entfernt werden, indem Sie sie mit einer Pinzette dicht hinter dem Kopf grei-

fen und im umgekehrten Uhrzeigersinn mit einer leichten Ziehbewegung herausdrehen. Sie sollten keinesfalls versuchen, sie einfach aus der Haut herauszureißen, denn dabei kann der Kopf des Parasiten abreißen, in der Wunde verbleiben und dort für schwere Sekundärinfektionen sorgen. Die bevorzugten Körperstellen der Zecken sind die Zehenzwischenräume, Hals- und Achselgegend und die Ohrinnenseiten, jedoch sind sie auch an so ziemlich allen anderen Körperteilen zu entdecken.

Viele der gegen Flöhe wirksamen Mittel beinhalten eine Wirkstoffkombination, die auch Zecken tötet. Diese Mittel machen die Haut des Hundes darüberhinaus für den Geschmack der Zecke „ungenießbar", weshalb sie sich wieder fallen läßt und auf

Mit ihren kräftigen Beißwerkzeugen, verbeißen sich Zecken so fest in der Haut eines Hundes, daß es mancher Tricks bedarf, um sie komplett zu entfernen. Machen Sie nicht den Fehler und versuchen Sie, die Zecke mit der Hand zu entfernen. Nehmen Sie eine geeignete Pinzette und drehen Sie die Zecke vorsichtig heraus.

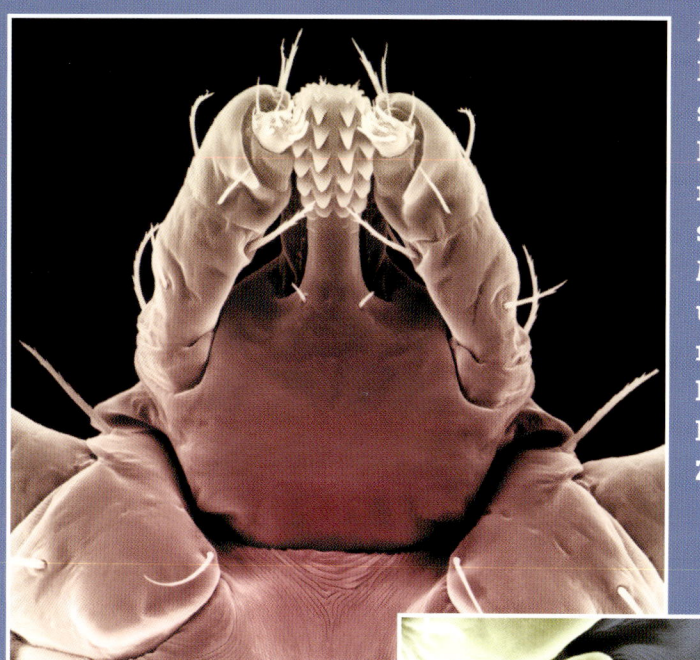

Zecken sitzen in halbhohen Gräsern und Büschen und krabbeln von dort an den vorbeistreichenden Hund. Diese Quälgeister bohren sich mit ihrem ganzen Kopf in der Haut Ihres Hundes fest und saugen sich mit Blut voll. Wenn die Zecke „satt" ist, läßt sie sich mit ihrem jetzt vollen Bauch einfach wieder auf den Boden fallen.

einen anderen Wirt wartet. Beißt sie trotzdem zu, kommt sie sofort mit der giftigen Substanz in direkten Kontakt und stirbt noch bevor sie zu saugen beginnen kann. Außerdem gibt es beim Tierarzt noch ein sehr wirksames Mittel, das dem Hund auf den Rücken gerieben wird und für die Dauer von etwa einem Monat Schutz bietet. Die Behandlung muß natürlich in monatlichen Abständen wiederholt werden.

In jedem Fall sollte der Hund nach jedem Spaziergang im Park oder Wald sowie nach dem Herumtollen im Garten gründlich auf Zecken untersucht werden. Da Zecken auch gerne das Blut von Menschen saugen und auch hier so gefährliche Krankheiten wie die Gehirnhautentzündung übertragen, ist doppelte Vorsicht geboten.

Zecken sind häufig zwischen den Zehen eines Hundes zu entdecken, können aber auch fast überall auf dem Körper zu finden sein.

Räude

Als Räude wird jede Art von Hautproblemen bezeichnet, die durch Milben hervorgerufen werden. Dabei handelt es sich meistens um Ohrmilben, Sarkoptes-Milben oder Cheyletiella-Milben. Demodikotische Räude wird mit einem Befall durch Demodex-Milben assoziiert. Sie gilt allerdings als nicht übertragbar.

Der häufigste Erreger für Räude bei Hunden ist die Ohrmilbe, die wiederum extrem schnell übertragbar ist. Deshalb sollte schon beim Kauf des Welpen darauf geachtet werden, daß die Elterntiere wie alle anderen Hunde des Züchters frei von dieser Milbenplage sind. Als Überträger kommen jedoch auch andere Haustiere infrage, mit denen der Hund Kontakt hat, speziell dann, wenn er mit diesen auf engem Raum zusammenlebt.

Die Parasiten nisten sich bei Hunden bevorzugt in den Ohren ein. Nehmen Sie die Ohr-

spitzen des Hundes und reiben sie aneinander, so ist die sofortige Reaktion eines befallenen Tieres die, sich mit den Vorderpfoten an den Ohren zu kratzen. Obwohl es sich hier um einen Schmarotzer handelt, der kaum eine ernsthafte Gefahr darstellt, sollte der Tierarzt dennoch ein geeignetes Mittel verschreiben. Der ständige starke Juckreiz irritiert den Hund und führt zu übermäßigem Kratzen, was wiederum in Verletzungen der Haut resultiert, die in Infektionen ausarten können.

Eine Vollkörperbehandlung ist in den meisten Fällen erfolgreich, wohingegen es bei

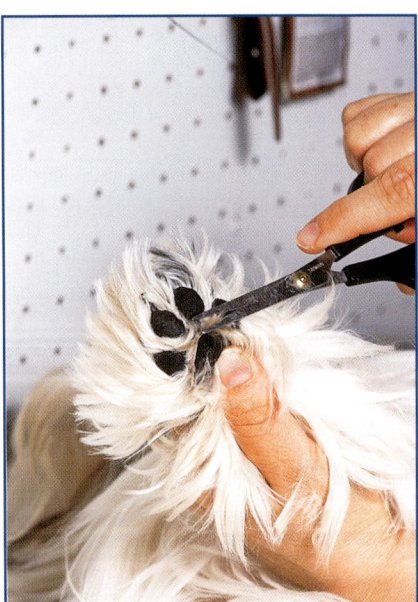

einer ausschließlichen Behandlung der Ohrkanäle meistens zu Rückschlägen kommt. Der Grund dafür ist die Tatsache, daß sich die Milben eben nicht nur in den Ohren aufhalten, wie dem Namen nach vermutet werden könnte, sondern diese bei Störungen verlassen und sich in anderen Körperregionen verbergen, bis die Rückkehr in die Ohren gefahrlos erscheint.

Scabie und Cheyletiella-Milben werden von einem Hund auf den anderen übertragen. Hierbei handelt es sich um sogenannte „soziale" Erkrankungen, die durch die Vermeidung von Kontakten mit infizierten Hunden vermieden werden können. Scabie-Milben haben die zweifelhafte Ehre, die Hundekrankheit mit dem stärksten Juckreiz überhaupt zu sein. Wieder andere Milben leben in Waldgebieten und befallen die Hunde, wenn sie dort im Dickicht herumtollen. Alle Milbenarten können identifiziert und effektiv bekämpft werden.

Herzwurm-Parasitose

Diese Parasitose ist in Deutschland eigentlich nicht heimisch, denn der Überträger des Parasiten (der Wurm *Dirofilaria immitis*) ist eine bestimmte Mückenart, die in Deutschland nicht vorkommt. Dennoch besteht die Möglichkeit zu einer Infektion mit Herzwurm-Parasitose, wenn Sie Ihren Hund mit in den Urlaub nehmen und das Urlaubsziel in einem Land liegt, wo der Krankheitsüberträger vorkommt – dazu gehören die USA, Afri-

ka und der Mittelmeerraum. Die Krankheit kann nicht durch den Kontakt mit infizierten Hunden übertragen werden, sondern nur durch den Stich dieser speziellen Mücke. Der Erreger lebt im Herzgewebe sowie den angrenzenden Blutgefäßen der Lunge des kranken Hundes, wo er Mikrofilarien produziert, die sich im Blutkreislauf aufhalten. Beim Blutsaugen nimmt die Mücke die Filarien aus dem Blutkreislauf

Beim Entfernen von Fremdkörpern aus den Ohren ist höchste Vorsicht geboten. Man verwendet steriles Werkzeug und muß darauf achten, den Gegenstand nicht noch weiter in den Gehörgang hineinzuschieben.

auf und gibt sie auf gleichem Wege an andere Hunde weiter.

Allerdings gibt es auch noch eine andere Möglichkeit der Übertragung, nämlich die durch vom Muttertier auf ihre Welpen. Es handelt sich hierbei um eine lebensgefährliche Parasitose, deren Behandlung langwierig und teuer ist. Sie kann jedoch einfach dadurch verhindert werden, indem Sie Ihren Hund vor Reiseantritt in eines der oben genannten Länder beim Tierarzt dagegen impfen lassen. Die Krankheit läßt sich einfach diagnostizieren. Falls Ihr Hund also nach dem Urlaub unter Appetitmangel, einem trockenen, krampfartigen Husten und Apathie leidet und Sie eines der betreffenden Länder mit ihm bereist haben, sollten Sie ihn vorsorglich auf eine Herzwurm-Parasitose untersuchen lassen. Das Gleiche trifft natürlich auch auf vierbeinige „Reisemitbringsel" zu.

Darmparasiten

Die am häufigsten bei Hunden auftretenden Darmparasiten sind Hakenwürmer, Rundwürmer, Bandwürmer und Peitschenwürmer. Rundwürmer brechen dabei jeden Rekord – es wird vermutet, daß bis zu 13 Trillionen Rundwurmeier pro Tag im Hundekot ausgeschieden werden. Untersuchungen haben ergeben, daß 75% aller Welpen Träger von Rundwürmern sind. Die Ausscheidung dieser Parasiten und die damit verbundene Verbreitung der Parasitose beginnt bereits ab einem Alter von drei Wochen. Die Übertragung auf den Menschen findet dabei ausschließlich über den Kontakt mit dem Hundekot und nicht, wie oftmals behauptet wird, durch den alleinigen Umgang mit dem Welpen oder dem Hund statt.

Bei Rundwürmern handelt es sich um nudelförmige Hohlwürmer, die bei ihrem Wirt ein dickbäuchiges Erscheinungsbild und neben vielen anderen ernsten Symptomen auch ein stumpfes Fell verursachen können. Weitere Symptome sind Erbrechen, Durchfall und Husten. Welpen werden häufig bereits im Mutterleib durch das Blut der Mutter oder später beim Säugen durch die Milch infiziert, was verhindert werden kann, wenn die Hündin bereits vor dem geplanten Deckakt vorsorglich entwurmt wird.

Hakenwürmer können ebenfalls auf den Menschen übertragen werden. Diese mikroskopisch kleinen, 8-18 mm langen Fadenwürmer können zu einer Anämie führen und somit ernsthafte Probleme bis hin zum Tod eines Welpen zu Folge haben. Hakenwürmer nisten sich beim Menschen wie beim Hund im Dünndarm ein und ernähren sich dort von den Darmzotten. So entstehen viele kleine Wunden in der Dünndarmwand, die stark bluten. Wie bereits erwähnt, können Welpen bereits mit einem Wurmbefall geboren werden, weshalb eine möglichst frühe erste Wurmkur ausgesprochen wichtig ist.

Bandwürmer benötigen für ihre Entwicklung stets einen Zwischenwirt. Neben anderen Bandwurmarten gibt es den Hundebandwurm (*Dipylidium caninum*), der als Zwischenwirt den Floh benutzt. Der Floh nimmt die Wurmeier auf, aus denen sich sogenannte Finnen entwickeln. Der Floh überträgt diese Finnen auf den Hund, in dessen Darm diese dann zu fertigen Bandwürmern heranwachsen. Mit dem Kot werden nach gewisser Zeit einzelne reiskornförmige Bandwurmglieder ausgeschieden. Sie können oftmals auch um die Afteröffnung herum im Fell hängend entdeckt und so identifiziert werden.

Die Flohbekämpfung beim Hund ist gleichzeitig eine vorbeugende Maßnahme gegen den Bandwurm, da dieser den Floh als Zwischenwirt benutzt.
Foto: C. Vorderstemann

Der Bandwurm erscheint als ein langer, flacher, einem Gummiband ähnlicher Wurm, der oftmals eine erstaunliche Länge erreichen kann und aus etwa reiskorngroßen Segmenten besteht. Er lebt im Dünndarm seines Wirtes. Eine weitere Bandwurmart, die ebenfalls vom Hund auf den Menschen übertragen werden kann, ist *Echinococcus multilocularis* – er kann beim Menschen zu einer lebensgefährlichen Erkrankung führen. Eine Bandwurminfektion kann heute problemlos mit speziellen Medikamenten behandelt werden. Zur Bekämpfung des Hundebandwurms gehört auch die gleichzeitige Flohbekämpfung mit speziell für diesen Zweck

Zwingerhusten kann von Hund zu Hund übertragen werden. Die Impfung dagegen ist eine der wichtigsten, bevor Ihr Hund mit anderen in Kontakt kommt.

gedachten Pudern oder Flüssigkeiten, mit denen nicht nur der Hund, sondern auch seine Decke, sein Schlafplatz und wenn nötig sogar die Teppiche und Polstermöbel im Haus behandelt werden müssen. Der Peitschenwurm ist ein bis zu 5 cm langer, zu den Fadenwürmern gehörenden Schmarotzer, der sich mit seinem namengebenden, peitschenförmigen Vorderteil in die Schleimhäute von Blind- und Dickdarm gräbt. Neben der Ansteckungsgefahr durch den Kontakt mit dem Kot eines infizierten Hundes können diese Würmer auch durch den Verzehr von

rohem Schweinefleisch in den Körper gelangen. Auch hier ist eine Übertragung auf den Menschen möglich. Diese Würmer haben einen dreimonatigen Lebenszyklus und können nicht vom Muttertier auf die Welpen übertragen werden. Sie verursachen unregelmäßige Durchfallerscheinungen, die gewöhnlich von Schleimabsonderungen begleitet sind. Peitschenwürmer sind die wahrscheinlich am schwersten zu bekämpfenden Darmparasiten, denn ihre Eier sind außergewöhnlich widerstandsfähig und können unter bestimmten Umständen Jahre im Körper

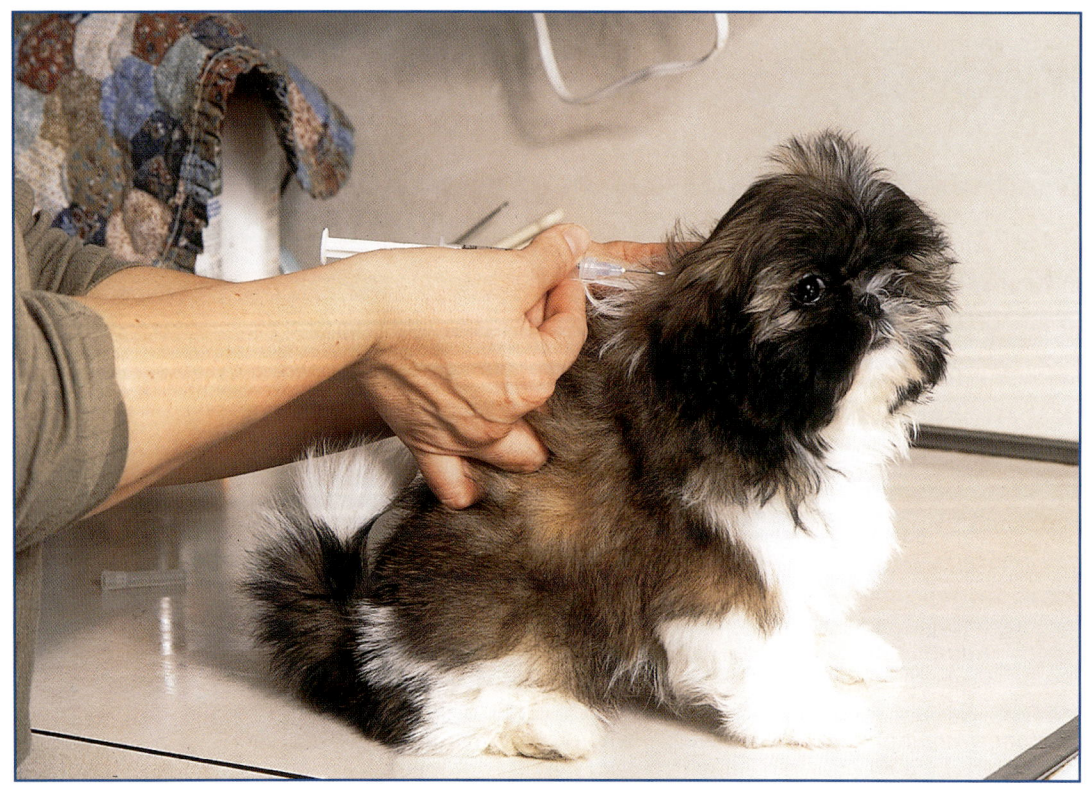

überdauern, bis sie sich unter günstigen Bedingungen zu fertigen Würmern weiterentwickeln. Sie sind nur selten im Kot nachzuweisen.

Neben diesen gibt es natürlich noch andere Darmparasiten, die einen Hund befallen können. Der sicherste Weg zur Vorbeugung sind regelmäßige Kotuntersuchungen durch den Tierarzt, der im Ernstfall auch die effektivste Behandlung kennt.

Kokzidiose und Giardiase

Beides sind Infektionskrankheiten, die gewöhnlich Welpen befallen und von Einzellern (*Protozoen*) hervorgerufen werden. Die Infektionsgefahr ist in solchen Situationen am höchsten, in denen viele Welpen auf relativ engem Raum vergesellschaftet sind. Oftmals sind auch bereits ältere Hunde Träger der Infektion, zeigen jedoch meistens keinerlei Symptome, bis sie unter Streß geraten oder unter anderen Gesundheitsproblemen leiden. Anzeichen für eine dieser Infektionen äußern sich als Durchfall, Gewichtsverlust und in mangelndem Appetit. Die für diese Erkrankungen verantwortlichen Einzeller sind nicht immer im Kot nachweisbar.

Virusinfektionen

Hunde können von verschiedenen Viruserkrankungen wie Hepatitis, Parvovirose, Tollwut und Staupe befallen werden, wenn sie in Kontakt mit anderen Tieren kommen, die Träger dieser Parasitosen sind. Um dem entgegenzuwirken, sollten Sie sich strikt an zwei wichtige Vorsorgemaßnahmen halten – kontrollierter Kontakt zu anderen Tieren und regelmäßige Schutzimpfungen. Heutzutage sind die verfügbaren Schutzimpfungen so effektiv, daß regelmäßig geimpfte Hunde nur noch einem ganz minimalen Risiko ausgesetzt sind. Trotzdem sollten Sie stets aufmerksam beobachten, mit welchen anderen Tieren der Hund häufigen und/oder engen Kontakt hat. Das Zusammensein mit ebenfalls geimpften anderen Hunden ist dabei völlig ungefährlich, wohingegen der Kontakt mit streunenden Hunden und Katzen sowie Wildtieren wie Kaninchen und ähnlichen ein nicht zu unterschätzendes Risiko darstellt. Außerdem sollten Sie unbedingt darauf achten, daß der Ferienzwinger für den Hund ausschließlich solche mit Impfschutz aufnimmt und der Tierarzt eine Quarantänestation für Hunde mit Infektionskrankheiten hat, so daß diese sicher von allen anderen Patienten getrennt werden können. Wenn Sie sich streng an diese Richtlinien halten, sollten Probleme mit Infektionskrankheiten dieser Art gar nicht erst auftreten.

Zwingerhusten

Hierbei handelt es sich um eine infektiöse Entzündung der Luftröhre und der Bronchien (Tracheobronchitis), die hochgradig ansteckend ist und deshalb umgehend behandelt werden muß. Diese Erkrankung tritt vor allem in Tierheimen und im Tierhandel sowie überall dort auf, wo Hunde unter unkontrollierten Bedingungen auf engem Raum zusammenkommen.

Bei dieser Krankheit lösen Viren und Bakterien gemeinsam eine Entzündung der Luftröhre und der Bronchien aus. Ein Anzeichen hierfür ist ein kurzer, trockener Husten, manchmal auch Niesen, mit leichtem Nasenausfluß, was wenige Tage bis mehrere Wochen anhalten kann. Der Krankheitsverlauf kann durch das Auftreten von Sekundärinfektionen verschlimmert werden. Im Normalfall verläuft diese

Diese beiden
Shih Tzus haben
alle nötigen Imp-
fungen erhalten
und können
gefahrlos mitein-
ander spielen.

Erkrankung nicht tödlich; sie kann jedoch in eine schwere Bronchitis und/oder Lungenentzündung übergehen. Leider sprechen viele derart erkrankte Hunde nicht sonderlich gut auf die verabreichten Medikamente an, aber andererseits kann der Zwingerhusten nach vielen Wochen auch spontan ausheilen.

Die effektivste Vorsorgemaßnahme ist in jedem Fall eine Schutzimpfung, ganz egal wie umstritten diese auch sein mag. Hier empfiehlt sich sogar eine Impfstoffkombination, denn bei dieser Krankheit kann mehr als nur ein Virus beteiligt sein. Beispielsweise ist das Parainfluenza-Virus meistens in dieser Impfung enthalten, denn es ist eines der Viren, das häufiger der Auslöser des Zwingerhustens ist. Das Bakterium *Bordetella bronchiseptica* spielt beim Auftreten von Zwingerhusten häufig eine Rolle. Neuerdings ist vielerorts eine Schutzimpfung erhältlich, die bei Hunden in stark gefährdeten Gebieten zweimal jährlich wiederholt werden sollte. Hierbei wird der Impfstoff nicht wie gewohnt injiziert, sondern in die Nasenlöcher gesprüht, um die Infektion bereits zu stoppen, bevor sie tiefer in den Atmungstrakt eindringen kann.

Staupe

Staupe ist eine Virusinfektion. Die ersten Symptome sind ein sehr leichtes, nur eine kurze Zeit anhaltendes Fieber, dem nach

etwa acht Tagen eine schwere Lungenentzündung folgt. Diese wird von eitrigem
Augen- und Nasenausfluß sowie Durchfall
begleitet. In einigen seltenen Fällen ist
auch eine Verhärtung der Pfotenballen
festzustellen. Die Symptome klingen dann
zunächst wieder ab, kehren jedoch in ver-
stärktem Maße und zuzüglich nervöser
Erscheinungen bis hin zu schweren Krämp-
fen zurück und setzen dem Leben des Tieres in diesem Stadium meistens ein schnelles Ende.

Hunde, die diese Krankheit überleben, leiden sehr häufig anschließend an nervösen
Zuckungen der Kopfmuskeln, was als der
„Staupetick" bezeichnet wird. Nach über-
standenen Erkrankungen im Jungtieralter
tritt in vielen Fällen das „Staupegebiß" auf,
worunter erhebliche Zahnschmelzdefekte
zu verstehen sind.

Staupe wird durch Wildtiere sowie durch
infizierte Hunde übertragen.

Hepatitis (Gelbsucht)

Diese Erkrankung verläuft ähnlich der vorher beschriebenen, beginnt jedoch mit
hohem Fieber und wird von Apathie und
Appetitlosigkeit begleitet. Allerdings treten hierbei weder Lungenentzündung
noch Durchfall auf. Bleibende Hornhaut-
schäden der Augen bis hin zur völligen
Erblindung können die Folge von Hepatitis sein. Auch hier handelt es sich um eine
Virusinfektion. Sie wird von anderen infizierten Tieren übertragen und befällt die
Leber und Nieren.

Toxoplasmose

Hierbei handelt es sich um ein Krankheitsbild, das durch einen Einzeller (*Toxo-
plasma gondii*) hervorgerufen wird. Der

> **... und denken Sie dran**
>
> Wenn Ihr Hund trotz ent-
> sprechender Erziehungsmaßnah-
> men alles frißt, was er draußen findet
> (kleine Steinchen, Sand, verschiedene
> Pflanzen, den Kot von Katzen oder
> anderen Hunden), muß dem nicht
> zwingendermaßen eine Unart oder
> Ungehorsamkeit zugrundeliegen. Es
> könnte sich auch um eine Mangeler-
> scheinung in der Ernährung des Hun-
> des handeln. Sprechen Sie deshalb
> über ein solches Verhalten mit Ihrem
> Tierarzt.

Stammwirt dieses Einzellers ist die Katze.
Er bildet übertragbare Dauerformen, jedoch erkranken Hunde am häufigsten
durch den Verzehr von infiziertem Schweinefleisch. Sie können die Krankheit allerdings nicht, wie früher oftmals behauptet
wurde, auf den Menschen übertragen.
Dennoch kann sich auch der Mensch durch
den engen Kontakt mit Katzen oder den
Verzehr von verseuchtem Fleisch mit dieser Krankheit infizieren.

Eine Toxoplasmose kann ohne jegliche
Symptome verlaufen (latente Toxoplasmose) und nur für trächtige Tiere oder
schwangere Frauen gefährlich sein. Sie
kann jedoch auch akut oder chronisch auftreten. Die Erkrankung kann vom Muttertier auf die Welpen übertragen werden und gilt dann als angeborene Toxoplasmose, die sich oft in Mißbildungen
äußert (toxoplasmotische Fetopathie),
aber auch zu Fehl-, Früh- oder Totgebur-
ten führen kann.

Gefahrenquellen, – und was zu tun ist wenn ...

Mit der Zeit wird ein Hundehalter durch ständiges Beobachten mit dem natürlichen Verhalten seines Hundes im Haus vertraut. Gleichzeitig wird er dabei auch auf versteckte oder bislang unbeachtete Gefahrenquellen stoßen, die zu ungeahnten Gesundheitsproblemen führen können. Diese Gefahren zu beseitigen und im Fall eines Unfalls schnell und richtig reagieren zu können, bewahrt den Hund oftmals vor schlimmen Folgen.

Jeder Hundehalter sollte in der Lage sein, bei seinem Hund die Körpertemperatur, den Puls, die Atmung und die Kapillarfüllungszeit zu prüfen. Um eine Abweichung vom Normalen zu erkennen, sollten Sie natürlich wissen, was als Normalwert gilt, denn dieses Wissen kann für ein Hundeleben die Rettung bedeuten.

Die Körpertemperatur

Die normale Körpertemperatur eines Hundes liegt zwischen 37,5 und 39 °C, wobei es bei verschiedenen Rassen leichte Abweichungen geben kann, die beim Tierarzt zu erfragen sind. Sie messen die Temperatur im After über einen Zeitraum von etwa einer Minute. Es empfiehlt sich, die einzuführende Spitze des Thermometers zu diesem Zweck mit etwas Vaseline oder Lebensmittelöl gleitfähig zu machen. Am einfachsten läßt sich diese Prozedur durchführen, wenn der Hund dabei steht und der Schwanz mit einer Hand hochgehalten wird. Das Thermometer muß während der Messung selbstverständlich ebenfalls festgehalten werden.

Eine leicht erhöhte Temperatur kann von freudiger Erregung, einer gerade beendeten körperlichen Anstrengung oder einer geringfügigen Überhitzung herrühren. Eine deutlich erhöhte Temperatur ist gewöhnlich ein sicheres Zeichen für eine sich anbahnende Krankheit oder einen vorliegenden Notfall. Handelt es sich um eine deutliche Untertemperatur, liegt in jedem Fall ein ernstes Problem vor, das den sofortigen Besuch beim Tierarzt erfordert.

Kapillarfüllungszeit und Zahnfleischfarbe

Es ist wichtig zu wissen, wie das Zahnfleisch eines gesunden Hundes aussieht, um anhand einer Veränderung sofort feststellen zu können, daß dem Tier offensichtlich etwas fehlt. Es gibt einige Rassen, wie beispielsweise den Chow Chow und ihm anverwandte Rassen, deren Zahnfleisch und Zunge auf natürliche Weise schwarz oder blauschwarz gefärbt sind. Bis auf diese Ausnahmen ist das Zahnfleisch eines gesunden Hundes jedoch kräftig rosafarben.

Blasses Zahnfleisch kann ein Hinweis auf einen Schockzustand oder eine Anämie sein und ist stets ein Alarmzeichen. Eventuell vorhandene gelbliche Verfärbungen sind ebenfalls alarmierend und deuten einwandfrei auf eine Erkrankung hin.

Viele Hunde zeigen schwarze oder dunkelbraune Flecken an Zahnfleisch und/oder Zunge, was allerdings als völlig normal anzusehen ist. Es ist ebenfalls wichtig zu wissen, wie die Kapillarfüllungszeit (Wiederauffüllen der Blutgefäße) beim gesunden Hund verläuft, um in einem Krankheitsfall oder Schockzustand erkennen zu können, ob sie vom Normalen abweicht, also verlangsamt ist. Zu diesem Zweck pressen Sie den Daumen kurz aber kräftig

Viele Pflanzen sind für Hunde giftig. Achten Sie deshalb darauf, daß der Hund am besten gar keine Pflanzen anknabbert. Sie sollten dies daher auch schon bei Ihrem Welpen unterbinden.

gegen das Zahnfleisch. An dieser Stelle weicht das Blut aus dem Gewebe, und der Daumen hinterläßt einen weißlichen Abdruck. Im Normalfall sollte die gesunde Rosafärbung innerhalb von ein bis zwei Sekunden wieder zurückkehren, das Gewebe also an der Druckstelle wieder gut durchblutet und die Druckstelle nicht mehr sichtbar sein.

Der Herzschlag, Puls und die Atmung

Die Herzfrequenz ist von der Rasse und dem Gesundheitszustand des Hundes abhängig. Als normal gelten um die 50 Schläge pro Minute bei größeren Rassen, bis 130 Schläge bei kleineren. Um die Anzahl der Herzschläge festzustellen, pressen Sie die Fingerspitzen auf die Brust des Hundes, zählen die Schläge für die Dauer von 15 Sekunden und multiplizieren die ermittelte Zahl mit 4.

Für die normale Pulsfrequenz gelten die selben Werte und Rechenformeln wie für den Herzschlag. Die Messung wird an einer der Oberschenkelarterien vorgenommen, die sich auf den Innenseiten der Hinterbeine befinden.

Ebenfalls von der Größe des Hundes und der Rasse abhängig sollte die Atmungsfrequenz zehn bis 30 Atemzüge pro Minute betragen. Sie wird nicht wie Herzschlag und Puls gemessen, sondern aufmerksam anhand des sich hebenden und senkenden Brustkorbs beobachtet.

Jede Abweichung von den Normalwerten dieser drei Meßwerte kann durch Erregung entstehen oder aber auch auf eine Erkrankung hinweisen und sollte deshalb unbedingt von einen Tierarzt eingehender untersucht werden.

Erste Hilfe-Maßnahmen

In einer medizinischen Notfallsituation sollten unbedingt die folgenden Maßnahmen ergriffen werden.

1.) Die Telefonnummer, Adresse und Öffnungszeiten des Tierarztes sollten jederzeit griffbereit am Telefon liegen.

2.) Sie sollten stets über die Notdienstzeiten und die Telefonnummer informiert sein, unter der der Tierarzt außerhalb der normalen Sprechstundenzeiten zu erreichen ist. Bietet er selbst keinen Notdienst an, so sollte die Telefonnummer einer entsprechenden Praxis oder Tierklinik zur Hand sein.

3.) Müssen Sie auf eine solche Zweitadresse zurückgreifen, sollten Sie auch genau wissen, wie Sie dort hingelangen.

4.) In einem echten Notfall ist Zeit ein lebenswichtiger Faktor. Anzeichen für eine solche Situation können die folgenden sein – ein unnatürlich helles Zahnfleisch, ein anormaler Herzschlag, eine Körpertemperatur unter 37,5 oder über 39°C, ein Schockzustand oder Lethargie sowie Lähmungserscheinungen.

5.) Wird ein Hund in einen Autounfall verwickelt, ist gleichermaßen größte Eile und Vorsicht geboten. Das Tier sollte so wenig wie möglich bewegt werden, sofort in eine Tierarztpraxis gebracht und dort umgehend einer Röntgenuntersuchung unterzogen werden. Besonders wichtig ist eine eingehende Untersuchung des Brustkorbs und des Unterleibs, um eine Verletzung der Lunge oder der Blase sofort feststellen zu können.

Der Notfallmaulkorb

In einer Ausnahmesituation, in der ein Hund unter starken Schmerzen leidet

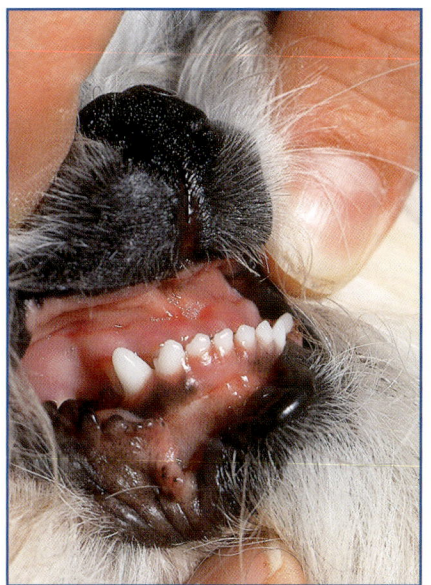

und/oder in einem panikartigen Zustand ist, kann es für den Halter ausgesprochen schwierig werden, seinen Hund zu bändigen und ihm Erste Hilfe-Maßnahmen zukommenzulassen. Ein in panischer Angst befindlicher Hund, der zudem noch starke Schmerzen empfindet, erreicht schnell einen Punkt, an dem er nicht einmal seinen eigenen Halter erkennt, sondern blindlings nach allem beißt, was sich ihm nähert. Die einzige Möglichkeit, um sich selbst und das Tier in einer solchen Situation vor Schaden zu bewahren und in der Lage zu sein, ihm sofortige Hilfe zuteil werden zu lassen, ist den Hund unter Kontrolle zu bringen und ruhigzustellen. Ist nicht sofort ein Tierarzt zur Stelle, der eine Beruhigungsspritze verabreichen kann, muß sich der Halter auf andere Weise behelfen, zum Beispiel mit einem Maulkorb. Nun besitzt nicht jeder Hundehalter einen Maulkorb, wenn er diesen nicht sowieso benötigt,

um sein Tier in der Öffentlichkeit ausführen zu können. Sie können jedoch relativ einfach und schnell einen provisorischen Maulkorb basteln, der in einer solchen Situation recht hilfreich sein kann.

Sie benötigen dazu nichts weiter als eine etwa 70 cm bis ein Meter lange stabile Schnur oder Kordel. Im Notfall kann auch die Leine, ein Nylondamenstrumpf oder etwas ähnliches benutzt werden. Mit diesem „Werkzeug" verfahren Sie folgendermaßen.

1.) Sie verknoten es leicht in der Mitte, so daß eine herunterhängende, große Schlaufe entsteht. Es wird dazu ein einfacher Knoten benutzt, der sich leicht zuziehen läßt.

2.) Die beiden Enden werden mit beiden Händen auseinandergehalten.

3.) Die Schlaufe wird langsam unter ruhigem Zureden über die Schnauze des Hundes manövriert, so daß sie sich kurz hinter der Nase befindet und Ober- sowie Unterkiefer umschließt.

4.) Die Schlaufe wird schnell zugezogen, was den Hund daran hindert, sein Maul zu öffnen.

5.) Nun werden die beiden Enden unterhalb des Unterkiefers nochmals verknotet.

6.) Danach ziehen Sie die beiden Enden rechts und links unterhalb der Ohren nach hinten und verknotet sie am Hinterkopf erneut.

Es ist wärmstens zu empfehlen, das Anlegen dieses „Notfall-Maulkorbs" von Zeit zu Zeit zu üben und den Hund an diese Prozedur zu gewöhnen, solange er gesund und ruhig ist. So wird sichergestellt, daß dieser Vorgang dem Tier bereits vertraut ist und Sie jeden erforderlichen Handgriff kennen. Ist ein eintretender Notfall auch gleichzeitig die Premiere für dieses Hilfs-

Das Zahnfleisch eines gesunden Shih Tzu ist kräftig rosafarben. Drücken Sie mit dem Finger dagegen, sollte die Druckstelle innerhalb von Sekunden wieder normal gefärbt sein.

mittel, so überträgt sich die Nervosität des darin ungeübten Halters auf den Hund und macht, in Verbindung mit der Angst vor diesem „Monstrum", die Situation nur noch schlimmer. Es ist unbedingt darauf zu achten, daß wenn sich der Hund erbrechen sollte, dieser oder jeder andere Maulkorb sofort zu entfernen ist, damit das Tier nicht an dem Erbrochenen ersticken kann.

Vergiftung durch Frostschutzmittel

Auch hier ist Zeit der wichtigste Faktor zur Rettung des Hundes. In der offenen Garage oder anderswo herumstehende Behälter mit Frostschutzmittel sind potentielle Gefahrenquellen.

Frostschutzmittel hat einen süßlichen Geschmack, was für den Hund einen fast unwiderstehlichen Anreiz bietet, es auf- oder abzulecken. Schlechterdings ist der Hauptbestandteil von Frostschutzmitteln Äthylenglycol, das zu schwersten, irreparablen Nierenschäden führt.

Heute gibt es bestimmte Testmethoden, um eine solche Vergiftung schnell nachzuweisen. Die Behandlung ist ausgesprochen drastisch und muß umgehend erfolgen, um das Tier noch zu retten. Um es gar nicht erst zu solchen Vorfällen kommen zu lassen, sollten Sie stets darauf achten, Frostschutzmittel unbedingt außerhalb der Reichweite von Hunden und anderen Haustieren aufzubewahren.

Wespen- und Bienenstiche

Ein Wespen- oder Bienenstich kann extrem starke Reaktionen nach sich ziehen und aus Atmungsproblemen, Ohnmachtsanfällen und sogar dem Tod des Hundes bestehen. Deutliche Anzeichen sind

Für Notfälle soll-
ten Sie die Tele-
fonnummer
Ihres Tierarztes
und für den Fall,
daß er nicht
erreichbar ist,
eine Ersatznum-
mer von einem
anderen Tierarzt
oder einer Tier-
klinik griffbereit
haben.
Foto: Robert
Smith

Schwellungen um die Schnauze herum und im Gesicht. In solchen Fällen ist es wichtig, die Farbe des Zahnfleisches, die Atmungstätigkeit sowie die Schwellung aufmerksam zu beobachten. Treten Abweichungen vom Normalzustand auf und wird die Schwellung zunehmend stärker, ist sofort ein Tierarzt aufzusuchen. Wurde das Tier im Maulinnenraum oder sogar in die Zunge gestochen, sollten Sie keinesfalls warten, sondern sofort reagieren – hier besteht akute Erstickungsgefahr.

In jedem Fall kann das Verabreichen eines wirksamen Antihistamins eine schnelle Erleichterung bringen und dem Halter einen Zeitvorteil verschaffen. Da jedoch nicht alle Antihistamine für diesen speziellen Fall geeignet sind, sollten Sie sich vom Tierarzt für den Notfall beraten lassen und stets einen kleinen Vorrat im Haus haben.

Blutungen

Blutungen können durch unterschiedliche Faktoren hervorgerufen werden. Zum Beispiel kann es sich dabei um eine ausgerissene oder eine zu kurz abgeschnittene Kralle, eine leichte Hautverletzung oder auch eine ernste Fleischwunde handeln. Die erste Maßnahme bei stärkeren Blutungen ist, sofort einen Druckverband anzulegen, um die Blutung zu stoppen. Dieser Verband muß alle 15 bis 20 Minuten gelockert werden, damit die allgemeine Durchblutung nicht zu lange unterbunden wird. Das Verbandmaterial muß unbedingt sauber und sollte nicht zu elastisch sein, denn das birgt die Gefahr, daß es zu fest gewickelt wird. Steht kein professionelles Verbandmaterial zur Verfügung, kann auch ein Handtuch, ein Waschlappen oder ähnliches benutzt werden, das dann mit einer Krawatte oder einem Gürtel festgebunden wird.

Eine blutende Kralle kann mit etwas blutstillender Watte oder ebensolchem Puder behandelt werden, jedoch sollte der Tierarzt danach einen Blick darauf werfen, um eine Entzündung rechtzeitig zu verhindern. Jede Wunde sollte zuerst mit einem antiseptischen Reinigungsmittel gesäubert und dann verbunden werden. Alkohol sollte möglichst nicht benutzt werden, denn er wirkt sich negativ auf die Heilung des Gewebes aus. Bei größeren oder tieferen Wunden muß das Tier umgehend in ärztliche Behandlung.

Blähungen

Obwohl eine normale Blähung, bei der das Gas auf natürliche Weise aus dem Körper entweicht, nicht unbedingt als eine Notfallsituation betrachtet werden kann, muß auch hier zwischen Normal und Anomal unterschieden werden.

Ein regelrecht aufgeblähter Magen oder Darm tritt eigentlich häufiger bei großen Hunderassen auf, ist deshalb jedoch bei kleineren nicht ausgeschlossen. Hier handelt es sich um einen lebensbedrohenden Zustand, der eine umgehende Reaktion erfordert.

Der Magen wird hierbei durch übermäßige Gasansammlungen oder eine schaumige Substanz ausgedehnt und kann sich nicht entleeren. Dieser Zustand kann wiederum zu einer Magenverdrehung oder -verschlingung führen, wodurch beide Magenöffnungen blockiert werden. Durch die Verdrehung wird auch eine der Hauptvenen blockiert, die Blut zum Herzen transportieren, wodurch ein enormer Druck auf die Blutzirkulation ausgeübt wird. Diese Situation führt in nur kurzer Zeit zu einem

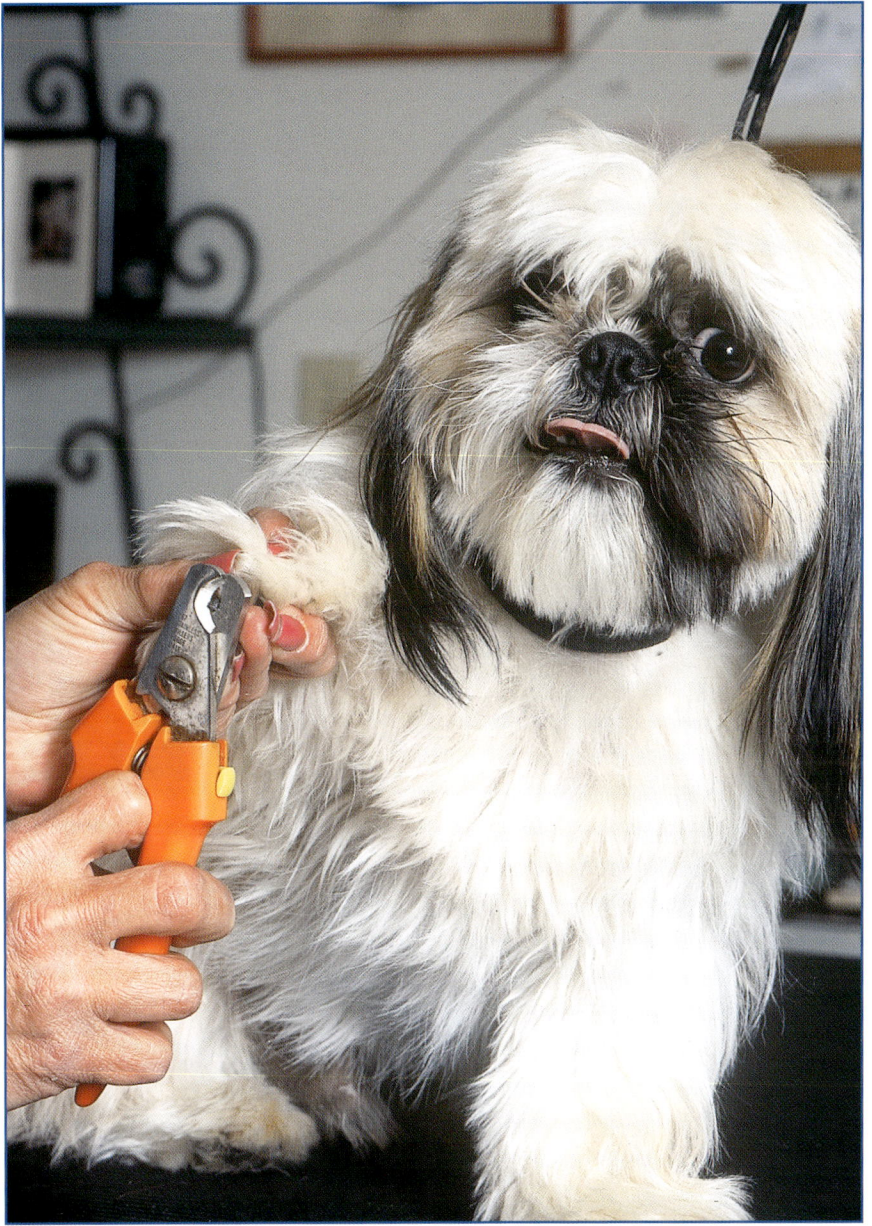

Beim Trimmen der Krallen ist Vorsicht angesagt, um die darin verlaufende Ader nicht „anzu-schneiden". Blut-stillende Mittel bringen , wenn es doch zu einem solchen Mißge-schick gekommen ist, eine Blutung schnell zum Stillstand.

Schockzustand mit nachfolgendem Tod. Hier ist umgehende ärztliche Hilfe in Form einer Notoperation der einzige mögliche Lebensretter.

Verbrennungen

Rührt die Verbrennung vom Kontakt mit einer Chemikalie her, sollte umgehend der Tierarzt angerufen werden. Normale Verbrennungen werden unter kaltem, fließenden Wasser gelindert, und anschließend wird der Tierarzt aufgesucht. Bei ernsthaften Verbrennungen oder auch leichteren, jedoch flächenmäßig großen, wird der Hund am besten sofort in eine Tierklinik gebracht. In vielen Fällen ist es zur besseren Sauberhaltung der Wunde notwendig, das umgebende Haar abzurasieren.

Die Behandlung besteht meistens aus einer gründlichen Reinigung der Wunde und dem Auftragen einer antimikrobiotischen Salbe; ein Vorgang, der täglich wiederholt werden muß. Eine mittelschwere Brandwunde benötigt etwa drei Wochen zur vollständigen Heilung, wobei damit gerechnet werden muß, daß ein neuer Fellwuchs an der Brandstelle in einigen Fällen ausbleibt.

Unbehandelte Verbrennungen ufern in Sekundärinfektionen aus, verursachen dem Tier enorme Schmerzen und können zu einem möglicherweise tödlichen Schock führen. Besonders ältere Hunde reagieren hier meistens bedeutend empfindlicher als jüngere.

Wiederbelebung

In einem Fall, wo der Hund scheinbar unter einem Herzstillstand leidet, muß zuerst schnellstens überprüft werden, ob noch ein Herzschlag, Puls und eine Atmungstätigkeit festzustellen ist. Sind die Pupillen des Hundes bereits erweitert und starr, sieht die Diagnose nicht gut aus.

Eine solche Notsituation erfordert zwei Menschen zur Anwendung der professionellen Wiederbelebungsversuche. Eine Person muß für das Tier atmen, während die zweite sich dem Wiederbeleben des Herzens widmet.

Der Hund wird auf seine rechte Seite gelegt, die Hände des Halters befinden sich rechts und links am Brustkorb, etwa in Höhe der vierten und fünften Rippe. Der Brustkorb wird nun gleichmäßig zusammengepreßt und dann wieder losgelassen. Dieser „Pumpvorgang" wird je nach Größe des Hundes 70 bis 120 Mal in der Minute wiederholt.

Die Zunge wird nach vorne aus dem Maul gezogen, um die Atmung nicht zu behindern. Nach jedem fünften „Pumpen" holt der Helfer tief Luft, deckt die Nase des Hundes mit den Händen ab und atmet langsam in das Maul aus. Dabei sollte zu beobachten sein, daß sich der Brustkorb des Hundes weitet. Dieser Vorgang wird alle fünf bis sechs Sekunden (12 bis 20 Mal pro Minute, ebenfalls je nach Größe des Hundes) wiederholt, wobei der Brustkorb weiterhin bearbeitet wird, nur nicht in dem Moment, in dem der Helfer Luft in die Lungen des Hundes pumpt. Das Tier muß unbedingt warmgehalten und der Tierarzt umgehend verständigt werden. Sobald sich Herzschlag und Atmung wieder eingefunden haben, muß schnellstens für einen sicheren Transport in eine Tierklinik gesorgt werden.

Schokoladenvergiftung

Hunde lieben Schokolade, doch diese Liebe kann sie umbringen. Verantwortlich dafür sind zwei in Schokolade enthaltene Stoffe – Koffein und Theobromin, ein natürliches Alkaloid der Kakaobohne. Diese Stoffe führen beim Hund zu einer Überstimulation des Nervensystems. Eine Milchschokoladenmenge von nur 280 g kann bereits einen fünf Kilogramm schweren Hund umbringen!

Die Symptome für eine solche Vergiftung sind Ruhelosigkeit, Erbrechen sowie ein beschleunigter Herzschlag und Krämpfe. In der Folge verfällt der Hund ins Koma. Der nachfolgende Tod ist wahrscheinlich, wenn nicht sofort gehandelt wird.

Als erste Maßnahme sollte der Hund umgehend zum Erbrechen gebracht werden; der Tierarzt ist sofort zu benachrichtigen. Als effektives Brechmittel können 1/4 Teelöffel Brechwurzelsirup pro Kilo Körpergewicht verabreicht werden.

Die sicherste und einfachste Methode ist es allerdings, seinen Hund erst gar nicht auf den Geschmack zu bringen und Schokolade als ein Tabu zu betrachten. Für den menschlichen Genuß hergestellte Lebensmittel sind für einen Hundeorganismus sowieso ungeeignet und sollten generell vom Speiseplan gestrichen werden.

Ersticken

Die erste Maßnahme in solchen Fällen ist die Suche nach dem Auslöser. Sie halten den Hundekörper zwischen den Beinen, greifen mit jeweils einer Hand Ober- und Unterkiefer, öffnen das Maul und schauen so weit wie es geht in den nach oben gereckten Hals. Ist ein Fremdkörper sichtbar, der offensichtlich die Atmung blockiert, muß dieser umgehend entfernt werden. Haben Sie einen Assistenten zur Hand, kann dieser versuchen, den Gegenstand mit der Hand oder einer langen, stumpfen Pinzette zu greifen. Ist das nicht möglich, so muß versucht werden, den Hund mit dem Kopf nach unten zu halten, damit der Gegenstand dann vielleicht nach vorne rutscht und herausfällt. Da Zeit hier ein lebenswichtiger Faktor ist, muß noch während dieser Erste Hilfe-Maßnahmen der Tierarzt benachrichtigt werden.

Gerade für kleine Hunde ist Schokolade reines Gift. 280 g Schokolade können einen Hund von fünf Kilo umbringen. Gewöhnen Sie daher am besten Ihren Hund gar nicht an den Geschmack. Foto: Archiv bede-Verlag

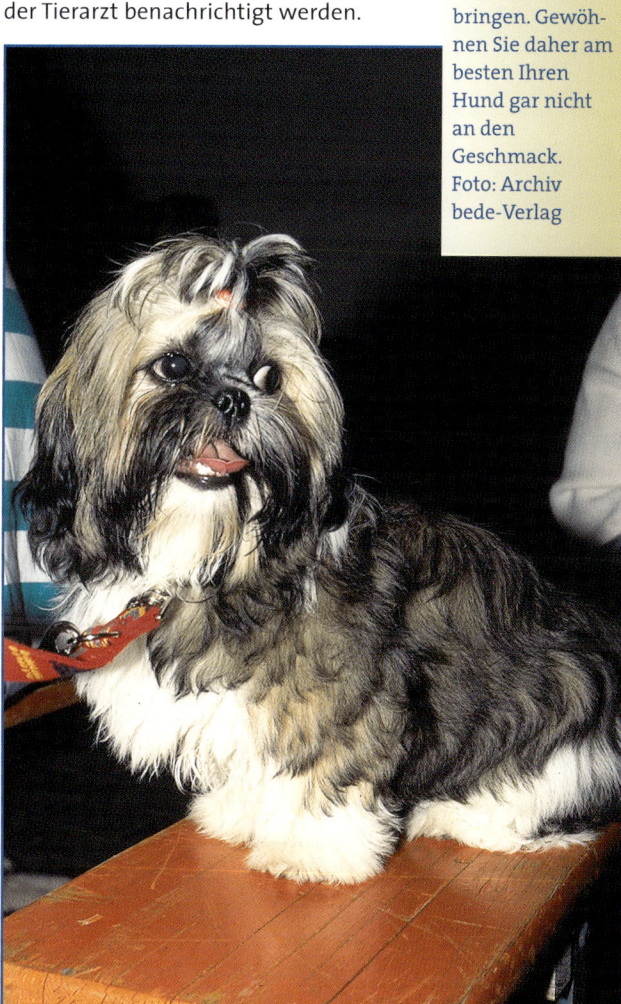

Um solche Unfälle zu vermeiden, muß unbedingt darauf geachtet werden, daß Spielzeuge stets eine Größe haben, die ein Verschlucken unmöglich macht. Desweiteren müssen Ketten oder kettenartige Halsbänder außerhalb der Auslaufzeiten unbedingt abgelegt werden. Anderenfalls besteht die Gefahr, daß der Hund beim Spielen an einem Ast, einem Haken oder einem anderen Gegenstand hängenbleibt und sich bei dem Versuch freizukommen, selbst erwürgt. Ein Lederhalsband ist hingegen unbedenklich und kann ständig um den Hals des Hundes belassen werden. Es ist weiterhin darauf zu achten, daß der Hund keinen Zugang zu kleinen, splittern-

Splitternde Hohlknochen sollten ebenfalls tabu für Ihren Hund sein. Es könnte ein Splitter im Hals steckenbleiben oder im Darm zu Verletzungen führen. Foto: Mrs Jun Sauners, Zwinger Camglia

den oder Hohlknochen hat. Dazu zählen kleine Knochenteile, zu kleine Markknochen, Kotelettknochen und Knochen von gebratenem oder gekochtem Hähnchen. Ein kleiner Markknochen kann klein genug sein, um problemlos verschluckt zu werden, jedoch andererseits zu groß sein, um auf natürlichem Wege ausgeschieden zu

werden – eine Magenverschlingung oder ein Darmverschluß können die Folge sein. Kotelett- und Brathähnchenknochen zersplittern und können beim Hinunterschlucken im Hals steckenbleiben oder mit ihren scharfen Bruchspitzen die Speiseröhre und/oder Magen- oder Darmwände aufreißen – es kommt zu schwersten inneren Verletzungen oder einem Tod durch Ersticken.

Bißverletzungen

Wurde ein Hund von einem anderen gebissen, muß die Wunde gereinigt und die Schwere der Verletzung beurteilt werden. Ist die Wunde tief oder großflächig und blutet stark, ist eine sofortige tierärztliche Hilfe unverzichtbar. Handelt es sich dagegen nur um eine oberflächliche Wunde, bei der lediglich die Haut beschädigt wurde, reicht vorerst eine gründliche Säuberung, das Entfernen des umliegenden Fells und das Auftragen einer antibakteriellen Salbe. Dennoch sollte das Tier zur Sicherheit einem Tierarzt vorgeführt werden.
In jedem Fall sollten Sie genauestens über den Zeitpunkt der letzten Tollwut-Schutzimpfung informiert sein, denn das kann von größter Bedeutung für das Leben des Hundes sein, besonders dann, wenn Sie den Verursacher der Wunde nicht kennen. Auch für Ihr Leben ist diese Information wichtig, nämlich dann, wenn Sie das Opfer einer solchen Bißverletzung sind. In diesem Fall ist unbedingt zu überprüfen, wann Sie Ihre letzte Tetanusimpfung erhalten haben.

Ertrinken

Es passiert hin und wieder, daß besonders junge Hunde oder Welpen in ein öffentliches Gewässer oder einen Swimmingpool springen oder fallen. Obwohl der Hund darauf instinktiv mit Schwimmbewegungen reagiert, kann es schnell dazu kommen, daß ihm die Kraft ausgeht, bevor er das sichere Ufer erreicht, abgetrieben wird oder sich in seiner Panik am falschen Ende des Pools herauszuziehen versucht, dort jedoch immer wieder abrutscht und ins Wasser zurückfällt.

Wird der Hund umgehend nach dem Untergehen geborgen, können Wiederbelebungsversuche durchaus erfolgreich sein. Das Maul wird geöffnet, alle Fremdkörper wie Schmutz und ähnliches schnell entfernt, der Hund dann am Hinterkörper gehalten und mit dem Oberkörper nach unten hängend hin und her geschwungen, um das Wasser aus den Lungen zu entlassen. Die Zunge wird aus dem Maul herausgezogen, um die Atmung nicht zu behindern, und es werden Mund- zu-Mund-Beatmung sowie Herzmassagen durchgeführt (wie unter „Wiederbelebung" beschrieben). Der Tierarzt ist umgehend zu benachrichtigen.

Diese Erste Hilfe-Maßnahmen dürfen nicht eingestellt werden, bis das Tier entweder zu sich kommt und das verschluckte Wasser erbricht oder ärztliche Hilfe eingetroffen ist. Außerdem sollte das Tier in eine Decke eingewickelt warm gehalten werden, denn es besteht zusätzlich die Gefahr einer Unterkühlung und des Schocks.

Elektroschock

Welpen, Junghunde, jedoch auch bereits ältere Tiere neigen oftmals dazu, sich plötzlich und unvermutet mit Dingen im Haus zu beschäftigen, die sie vorher nicht eines Blickes gewürdigt haben. Dazu können auch Elektrokabel und elektrische Geräte gehören.

Welpen und Junghunde sind genauso neugierig wie Kleinkinder und verspüren den unbändigen Drang, alles Unbekannte mit ihrer kleinen feuchten Nase, den Pfoten oder sogar den Zähnen zu untersuchen. Deshalb empfiehlt es sich, in Reichweite befindliche Steckdosen mit Sicherheitskappen zu versehen und den gesamten Stromkreislauf mit einem ultraflinken Schutzschalter abzusichern. Dabei handelt es sich um einem sogenannten Wasserschlag-Sicherheitsschutzschalter, kurz FI- Schalter genannt, der in jedem guten Elektrogeschäft erhältlich ist. Diese ultraflink reagierenden „Sicherungen" reagieren bereits auf geringste Fehlerströme und schalten sofort den gesamten Stromkreis ab, lange bevor dies eine normale Sicherung tun würde. Sie können so nicht nur das Leben des Hundes oder auch eines Kindes retten, sondern verhindern darüberhinaus auch auf diese Weise entstehende Wohnungsbrände.

Ich kann aus eigener Erfahrung versichern, daß diese Maßnahme lebensrettend sein kann. Einer meiner Hunde, sieben Jahre alt, hatte sich eines Tages ein in Reichweite befindliches Verlängerungskabel in sein Körbchen gezerrt und genüßlich darauf herumgekaut, bis die Isolierung durchbrochen und die nackten Kabel miteinander und seiner feuchten Zunge in direkten Kontakt kamen. Der Sicherheitsschutzschalter, der zu diesem Zeitpunkt glücklicherweise bereits installiert war, reagierte sofort und rettete ihm so das Leben.

Kommt es jedoch zu einem Stromschlagunfall, weil eine solche Sicherheitseinrichtung nicht vorhanden ist, müssen folgende Dinge beachtet werden. Zuerst muß der Stromkreis unterbrochen werden, bevor das betreffende Tier angefaßt wird.

Die Augen eines Shih Tzus sollten dunkel und klar sein. Jede Rötung oder Trübung kann auf ein Problem hinweisen, das schnellstens untersucht werden muß.

Die Zunge wird aus dem Maul herausgezogen und Mund-zu-Mund-Beatmung sowie Herzmassagen durchgeführt. Der Hund muß schnellstmöglich einem Tierarzt vorgeführt werden, denn Stromschläge können nicht sichtbare innere Verletzungen wie Lungenschäden verursachen, die eine sofortige Behandlung erfordern.

Es ist grundsätzlich darauf zu achten, daß sich elektrische Geräte stets außerhalb der Reichweite des Hundes befinden. Bei in Betrieb befindlichen Geräten, die zeitweise oder ständig ans Stromnetz angeschlossen sind, müssen die Kabel so verlegt sein, daß der Hund nicht daran hängenbleiben und das Gerät herunterreißen kann.

Augen

Gerötete Augen weisen auf Augeninfektionen hin – jede Rötung des weißen inneren Augenbereiches ist ein Alarmzeichen. Schielen, eine trübe Pupille oder eine offensichtlich beeinträchtigte Sehfähigkeit sind

Anzeichen für ernste Probleme wie ein Glaukom (Grüner Star) oder ähnlich schwere Augenerkrankungen.

Bei einem Glaukom ist umgehende ärztliche Hilfe erforderlich, um das Augenlicht des Tieres zu retten. Eine prolabierte Nickhaut (Vorfall des dritten Augenlids) ist eine anormale Erscheinung und deutet auf ein unterschwelliges Problem hin. Das Gleiche gilt für ein schlaffes, herunterhängendes oberes oder auch unteres Augenlid.

Allergien oder ständig tränende Augen können ein vorübergehendes, dabei aber sehr störendes Problem sein. Durch die stetig austretende Tränenflüssigkeit ist der Bereich unter dem Auge anhaltend feucht, was wiederum zu einer Bakterieninfektion führen kann.

Schwellungen, Rötungen oder geplatzte Blutgefäße im Inneren des Auges können auch einen im Auge befindlichen Fremdkörper als Ursache haben. Dieser muß schnellstens, jedoch mit größter Vorsicht entfernt werden, wozu das Auge am besten mit kaltem Wasser ausgewaschen wird. Klingen Schwellung und Rötung danach nicht zusehends ab, und erweckt der Hund durch auffälliges Blinzeln und Reiben mit der Pfote immer noch den Eindruck, daß etwas das Auge irritiert, sollte unbedingt ein Tierarzt aufgesucht werden.

Die Liste der möglichen Ursachen für Augenprobleme ist lang – Allergien, Infektionen, Fremdkörper, eingewachsene Wimpern, störende lange Gesichtshaare, Erkrankungen oder Verletzungen des Tränenkanals, deformierte Augenlider und so weiter. Jede dieser Ursachen erfordert eine individuelle Behandlung, über die generell der Tierarzt und nicht das Gutdünken des Halters entscheiden sollte.

Ohren

Das gesunde Hundeohr zeigt eine innen rosafarbene Ohrmuschel, ist frei von Sekretabsonderungen, und der Hund verspürt nur hin und wieder den Drang, sich am Ohr zu kratzen.

Wird häufiges und hartnäckiges Kratzen beobachtet, ist die Ohrmuschel rot gefärbt, wirkt die Haut entzündet oder rauh, sind Absonderungen von dunklem oder blutigem Ohrenschmalz oder übelriechende Ablagerungen von braunen, gelblichen oder blutigen Verkrustungen im Ohr zu entdecken, wird der Kopf häufig geschüttelt, reagiert das Tier bei der Berührung der Ohren mit Schmerzen oder sind Schwellungen vorhanden, liegt ein offensichtliches Problem vor.

So lang wie die Liste der möglichen Symptome ist auch die der infragekommenden Ursachen – Futterallergien oder Reaktionen auf eingeatmete Stoffe, ein Milbenbefall, eine allergische Reaktion auf ein Medikament, eine Infektion, eine Verletzung, eine Zecke oder ein anderer Fremdkörper der, wie auch immer, in das Ohrinnere gelangt ist. Bei älteren Hunden kann ein häufiges Kopfschütteln auch mit einer altersbedingten Schwerhörigkeit in Zusammenhang stehen, die das Tier irritiert.

Sicherlich handelt es sich bei den meisten dieser Erscheinungen um keinen wirklichen Notfall, jedoch sollten sie trotzdem nicht auf die leichte Schulter genommen, sondern es sollte schnellstens reagiert und versucht werden, die Ursache zu ergründen. Gewißheit darüber, um welche der vielen Möglichkeiten es sich nun definitiv handelt, kann nur eine eingehende Untersuchung beim Tierarzt bringen.

Gesunde Hundeohren sind innen rosafarben und frei von Sekretabsonderungen. Der Hund sollte sich auch nur ab und zu am Ohr kratzen. Foto: Archiv bede-Verlag

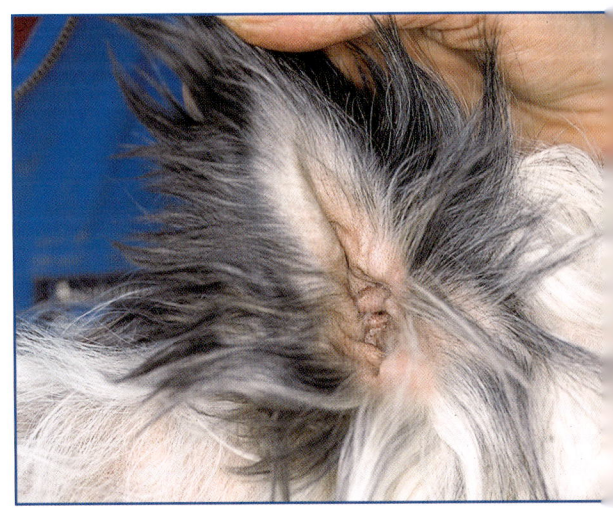

Das Atmungssystem

Husten und/oder häufiges Niesen sind deutliche Anzeichen für Atemwegserkrankungen. Es kann sich dabei um eine Erkältung, eine Bronchitis, eine Lungenentzündung aber auch um eine Allergie oder eine Mandelentzündung handeln. Es ist unbedingt darauf zu achten, ob die Atmung flach, beschleunigt, verlangsamt oder schwer ist. In jedem Fall ist bei Auftreten der vorgenannten Symptome wie auch bei röchelnden oder lauten Atemgeräuschen sofort ein Tierarzt zu konsultieren, um dem Übel so schnell wie möglich auf die Schliche zu kommen.

Fischgräten

Es sollte unnötig sein zu erwähnen, daß vor dem Verfüttern von Fisch sämtliche Gräten zu entfernen sind. Dennoch kann es dazu kommen, daß eine oder zwei Gräten übersehen werden, der Hund den Fisch aus einer Mülltonne ausgegraben oder von einem „freundlichen" Nachbarn bekommen hat, was meistens ohne das Wissen des Halters geschieht.
In solchen Fällen darf nicht versucht werden, die festhängende Gräte aus dem Hals des Hundes zu entfernen, weil ein Laie dabei durchaus mehr Schaden anrichten als helfen kann. Außerdem wird sich das verängstigte und unter Schmerzen leidende Tier nicht so ohne weiteres in den Hals fassen lassen, was in den meisten Fällen das Verabreichen eines Beruhigungsmittels notwendig macht. Hat sich die Gräte quer im Hals verfangen, was meistens der Fall ist, muß sie erst in der Mitte durchtrennt werden, bevor beide Teile dann einzeln entfernt werden können. Anderenfalls würde der Versuch, die

festhängende Gräte in einem Stück herausziehen zu wollen, unweigerlich in einer noch schlimmeren Verletzung ausarten, als der, die sowieso bereits entstanden ist. Diese Verletzung muß vermutlich mit Antibiotika behandelt werden, weshalb unbedingt und umgehend ein Tierarzt aufzusuchen ist.

Fremdkörper

Es ist teilweise unglaublich, für welch unmögliche Dinge sich ein Hund begeistern kann. Unterhalten Sie sich einmal ausgiebig mit einem Tierarzt, werden Sie kaum glauben wollen, was dieser schon alles aus den gemarterten Mägen und Gedärmen von Hunden herausoperiert hat. Besonders junge Hunde betrachten alles, was ihnen vor die Nase kommt, in erster Linie als freßbar. Dabei wird kaum darauf geachtet, ob das Objekt auch schmeckt, solange es nur in irgendeiner Weise anregend oder interessant riecht.
Zu solch gefährlichen Fremdkörpern, die das Leben eines Hundes schnell und vorzeitig beenden können, zählen nicht nur Splitterknochen von Koteletts und die Hohlknochen von gebratenem Geflügel, sondern auch beispielsweise das Verpackungsmaterial von Lebensmitteln. Der Papp- oder Styroporteller und die Klarsichtfolie, in der Fleisch verpackt war, Staniolfolie, Plastiktüten, einfach alles, was zur Verpackung von Fleisch, Wurst und anderen verlockend riechenden Dingen benutzt wird, erregt das Interesse eines Hundes. Der daran haftende Duft macht das Objekt so reizvoll, daß es kurzerhand angeknabbert oder gleich mit „Haut und Haaren" verschlungen wird. Oftmals sind es auch nur kleine Teile von Fremdkörpern, die in den Magen gelangen und dann

unverdaut über den Darm ausgeschieden oder erbrochen werden – was jedoch, wenn das Objekt weder vorne noch hinten auf mehr oder weniger natürliche Weise wieder austritt?

Ob Sie es glauben möchten oder nicht, es sind nicht nur nach Lebensmitteln riechende Fremdkörper aus Hunden herausoperiert worden, sondern auch eine Reihe

besonders bei Welpen und Junghunden jederzeit mit einem solchen Zwischenfall gerechnet werden. Treffen Sie also auf angeknabberte Gegenstände, vermissen plötzlich welche, findet beim Hund keine Verdauung statt oder muß er sich offensichtlich quälen, um wenigstens eine kleine Kotmenge auszuscheiden, wird aus unerklärlichen Gründen das Futter ver-

Im Freien lauern viele Gefahren auf einen Shih Tzu, weshalb er nie ohne Aufsicht sein sollte.

anderer Dinge wie Steine, Socken, Unterhosen, Strümpfe, Windeln, Waschlappen, alle Arten von Plastik, Spielzeug und sogar Teile von Reitpeitschen, Schuhen und Handtaschen!

Offensichtlich sollte ein Hund dahingehend erzogen werden, sich nicht an solchen Dingen zu vergreifen, sondern sich mit seinem eigenen, (hoffentlich) gefahrlosen Spielzeug zu beschäftigen, jedoch muß

weigert oder dieses kurz nach dem Verzehr wieder erbrochen, versucht sich das Tier erfolglos zu erbrechen, reagiert auf das leichte Abtasten von Magen- und Darmbereich mit Anzeichen von Schmerzen oder die Magenregion wirkt aufgebläht, sind das alles Anzeichen für einen ernsthaften Notfall.

Der Hund muß umgehend zu einem Tierarzt gebracht werden, der feststellen wird, ob eine sofortige Operation erforderlich ist oder ob vielleicht ein geeignetes Abführ- oder Brechmittel die ersehnte Erleichterung bringt. Obwohl oftmals dazu geraten wird, den Hund umgehend erbrechen zu lassen, soll an dieser Stelle davon abgeraten werden. Abhängig davon, was für einen Gegenstand das Tier verschluckt hat, wie groß er ist, aus welchem Material er besteht, welche Menge davon gefressen wurde, wie lange es bereits im Magen liegt und in welchem Allgemeinzustand sich das Tier befindet, kann Erbrechen den Schaden durchaus noch vergrößern. Die Entscheidung darüber, was wann und wie in einem solchen Fall getan werden muß, sollte hier unbedingt dem Tierarzt überlassen werden.

Hitzschlag

Obwohl oftmals gesagt wird, daß besonders langhaarige Hunderassen unter hohen Temperaturen leiden, ist genau das Gegenteil der Fall. Es sind meistens die kurzhaarigen Rassen, die statt Ober- und Unterfell nur eine Fellschicht mit einer dementsprechend schlechteren Isolationswirkung besitzen und dadurch auf hohe Temperaturen empfindlicher reagieren. Außerdem hat die Länge der Schnauze einen anatomisch bedingten Einfluß auf das natürliche „Kühlsystem" des Hundes. Dieses funktioniert bei Hunden mit längeren Schnauzen effektiver als bei kurzschnäuzigen. Außerdem besteht ein erhöhtes Risiko für alle übergewichtigen und herzkranken Hunde.

Es kann jedoch in jedem Fall zu einem Hitzschlag kommen, wenn das Tier für längere Zeit sehr hohen Temperaturen oder direkter Sonneneinstrahlung ausgesetzt wird, ohne dem ausweichen zu können.

Solche Situationen entstehen beispielsweise, wenn der Hund im Auto eingesperrt ist, dieses in der Sonne steht oder die Außentemperaturen relativ hoch sind. Selbst an beiden Seiten leicht geöffnete Fenster schaffen hier keine ausreichende Abhilfe. Das Anbinden des Hundes an einem sonnenexponierten Platz im Freien oder das übermäßige Herumtollen mit dem Tier in der Sonne sind ebenfalls gefahrenträchtige Situationen.

Anzeichen für einen Hitzschlag sind flaches, schnelles Atmen, beschleunigter Herzschlag, eine erhöhte Körpertemperatur sowie Ohnmachtsanfälle. In einem solchen Fall muß das Tier sofort gekühlt und von einem Tierarzt behandelt werden. Das Kühlen geschieht am besten mit Wasser, das jedoch nicht einfach über das Tier gegossen wird, denn dies würde unweigerlich einen Schock auslösen. Sie reiben das Tier erst mit einem nassen Lappen oder Schwamm mit dem kühlenden Wasser ab und lassen es dann langsam über den Körper rieseln. Der Hund muß unbedingt abgeschattet und mit frischer und kühler Luft versorgt werden, wobei Zugluft unbedingt zu vermeiden ist.

Außerdem können Sie Eiswürfel um den Kopf und Hals legen, um eine anhaltende Kühlung zu erzielen. Dabei muß die Körpertemperatur des Tieres überwacht und das Kühlen eingestellt werden, sobald die Normaltemperatur wieder hergestellt ist. Diese wird weiterhin überwacht, um sicherzustellen, daß sie nicht erneut ansteigt, was ein dann wiederholtes Kühlen erforderlich macht. Bleibt die Temperatur nicht konstant, sondern sinkt auch ohne Kühlung weiter, besteht Lebensgefahr. Professionelle Hilfe ist unbedingt und schnellstmöglich erforderlich.

Vergiftungen allgemein

Vergiftungserscheinungen äußern sich oftmals durch Muskelkrämpfe und Schwäche, übermäßigen Speichelfluß, Erbrechen, heftigen unkontrollierten Durchfall und Gleichgewichtsstörungen. Hier gilt es in erster Linie herauszufinden, was der Hund gefressen oder getrunken hat.

Handelt es sich dabei um chemische Stoffe wie Reinigungsmittel, Farbverdünner oder ähnliches, und Sie sind sich der Ursache der Vergiftung sicher, ist sofort der Tierarzt zu verständigen und über die auf der Verpackung aufgelisteten Inhaltsstoffe zu informieren, damit er sich ein Bild von der Art der Vergiftung machen kann. Er wird noch am Telefon Anweisungen darüber geben, was bis zu seinem Eintreffen zu tun ist.

In einem normalen Haushalt existieren bis zu 500.000 Giftstoffe, die einem Hund gefährlich werden können. Sie mögen im Haushaltsabfall vorhanden sein, es kann sich aber auch um Pestizide, Medikamente, Pflanzen, Schokolade oder Reinigungsmittel handeln, durch die sich der Hund eine Vergiftung zuzieht.

Es kann jedoch auch auf indirektem Weg zu Vergiftungen kommen. Der Verzehr von vergifteten Nagetieren ist nur ein Beispiel dafür. Sie sollten Ihren Hund auch unbedingt dazu erziehen, kein Futter von fremden Personen anzunehmen. Diese Person muß nicht zwingendermaßen etwas Böses im Schilde führen, kann dem Tier jedoch unbewußt etwas zu fressen anbieten, was Giftstoffe enthält (z.B. Schokolade) oder eine allergische Reaktion auslöst.

In jedem Fall muß sofort ein Tierarzt informiert werden. Wenn Sie den Grund des Übels nicht ausfindig machen können, ist es ihm dennoch möglich, anhand der deutlichen Symptome zu erahnen, um was es sich aller Wahrscheinlichkeit nach handeln könnte und entsprechende Anweisungen

Es gibt viele Gifte im Haushalt. Wenn Ihr Hund sich vergiftet hat, Sie aber nicht mehr feststellen konnten, was der Grund des Übels ist, so kann man doch an Hand der Symptome erahnen um was es sich wahrscheinlich handelt. Auf keinen Fall sollten Sie Ihrem Hund Milch geben, wenn der Tierarzt es nicht ausdrücklich empfohlen hat. Foto: Robert Smith

für Erste Hilfe-Maßnahmen zu geben. Und eine sehr wichtige Regel muß unter allen Umständen eingehalten werden – Finger weg von Milch oder anderen bei vergifteten Menschen oft angewendeten Mitteln zur Ersten Hilfe, wenn der Tierarzt nicht ausdrücklich dazu rät!

Vorsicht vor giftigen Pflanzen

Amarillis (Knollen)

Apfelkerne

Avocadopflanzen

Azaleen

Bittersüß

Brennesseln

Buchsbaumholz

Butterblumen

Caladium (Buntwurz)

Christusdorn

Dieffenbachien

Dreizack-Gras

Efeu

Eibe

Eisenhut

Elefantenohrblatt

Fingerhut

Glyzinie

Goldregen

Holunderbeeren

Hortensien

Hyazinthen (Knollen)

Iris (Knollen)

Japanische Eibe

Jasmin (Beeren)

Kirschkerne

Kletterlilien

Liguster

Lorbeer

Märzbecher (gelbe Osternarzisse)

Mistel (Beeren)

Nachtschattengewächse (grüne Teile von z.B. Kartoffel, Tomate etc.)

Narzissen (Knollen)

Oleander

Pfirsichblätter

Philodendron

Pilze

Rhabarber

Rhododendron

Ringelblume

Rittersporn

Stechpalme

Tabak (nicht nur als Pflanze, sondern auch in Form von Zigaretten, Zigarren, etc.)

Tollkirschen

Tulpenzwiebeln

Walnuß

Zuckerbohnen

Die Liste auf der gegenüberliegenden Seite erhebt keinen Anspruch auf Vollständigkeit. Sie macht jedoch deutlich, wieviele Giftpflanzen und deren Früchte oder Teile sich in Haus und Garten befinden können, ohne daß Sie sich ihrer unmittelbaren Gefahr bewußt sind. Natürlich löst das Anknabbern oder Fressen dieser Pflanzen nicht in jedem Fall und zwingendermaßen eine lebensbedrohende Vergiftung aus, jedoch können größere Mengen oder bestimmte Sorten schon zu ernsthaften Problemen führen. Beobachten Sie ihren Hund dabei, wie er sich an Pflanzen im Haus oder Garten, im Park oder Wald zu schaffen macht und treten hinterher irgendwelche Symptome auf, so ist es wichtig, den Tierarzt über die Art der Pflanze informieren zu können. Der beste und sicherste Weg ist allerdings der, es gar nicht erst dazu kommen zu lassen und dem Tier ein solches Verhalten von Anfang an abzugewöhnen.

Epileptische Anfälle und Krämpfe

Einige Hunderassen sowie viele nicht rasoereine Zuchten sind für Erscheinungen dieser Art anfällig. Oftmals weist ein solcher Krampfzustand oder Anfall aber auch auf ein unterschwelliges, anderes Gesundheitsproblem hin.

Gewöhnlich ist ein epileptischer Anfall keine Notfallsituation, es sei denn, er dauert länger als zehn Minuten. Sicherheitshalber ist jedoch in jedem Fall der Tierarzt zu informieren; selbst wenn es während der Nacht zu einem solchen Zwischenfall kommt und der Hund am nächsten Tag wieder einen völlig normalen Eindruck macht. Es kommt auch nicht wie beim Menschen dazu, daß die Zunge während

eines Anfalls verschluckt wird, weshalb hier keine unmittelbare Lebensgefahr besteht.

Der Halter sollte in einer solchen Situation niemals versuchen, dem Hund ins Maul zu fassen oder seinen Kopf halten zu wollen, denn das Tier hat keine Kontrolle über sich selbst und könnte den Halter ungewollt beißen. Ein solcher Anfall kann so leicht sein, daß er kaum bemerkt wird und der Hund dabei sogar auf seinen vier Beinen stehenbleibt. In schwereren Fällen kann es passieren, daß der Hund vorübergehend bewußtlos wird, sowie währenddessen Urin oder Kot ausscheidet. Das Beste, was der Halter für einen Hund tun kann, der mehr oder weniger regelmäßig unter solchen Zuständen leidet, ist die Unterbringung an einem sicheren Ort, wo er sich während eines Anfalls nicht verletzen oder irgendwo herunterfallen kann.

In jedem Fall aber sollte ein Tierarzt eine gründliche Untersuchung vornehmen, um zu ergründen, wodurch diese Anfälle ausgelöst werden. Das ist leider nicht in jedem Fall feststellbar, jedoch besteht zumindest die Möglichkeit, daß ein anderes Gesundheitsproblem der Auslöser ist, welches behoben, diesen Erscheinungen ein Ende setzt.

Schweres Trauma

Bei einer komaähnlichen Bewußtlosigkeit oder einem schweren Schockzustand muß unbedingt sichergestellt sein, daß die Atemwege frei sind. Dazu werden Nase, Maul und Rachen des Hundes dahingehend untersucht, daß sie frei von Speichelansammlungen oder anderen Substanzen sind, die die Atmung beeinträchtigen könnten. Der Körper des Hundes sollte auf der Seite, Kopf und Hals in einer

... und denken Sie dran

Um es gar nicht erst zu Unfällen kommen zu lassen, ist Vorbeugung die wichtigste Maßnahme. Denken Sie stets daran, daß ein Hund, vorallem ein noch sehr junger, wie ein Kleinkind handelt und von mehr oder weniger den gleichen Dingen und Situationen magisch angezogen wird. Lassen Sie bei Ihrem Hund die gleiche Vor- und Umsicht walten, wie bei Ihren Kindern. Das ist der beste Weg zur Vermeidung von Unfällen

Sekunden, bis das Zahnfleisch nach einer Druckprobe seine normale Färbung wiedererlangt.

Der Hund muß warmgehalten und auf dem schnellsten Weg in eine Tierklinik transportiert werden. Jede verlorene Minute bringt das Tier dem Tod einen großen Schritt näher.

leicht gestreckten Position liegen, um das Atmen zu erleichtern. Bei auftretendem Erbrechen muß der Kopf nach unten gerichtet und der Körper angehoben werden, damit nichts in die Luftröhre gelangen kann. Es ist umgehend ärztliche Hilfe anzufordern.

Schock

Ein Schock ist ein lebensbedrohender Zustand, der eine sofortige ärztliche Versorgung erfordert. Zu einem Schockzustand kann es durch einen Unfall, anderweitig entstandene schwere Verletzungen oder auch durch panikartige Angstzustände kommen. Andere Auslöser für einen Schock können starker Blutverlust, Flüssigkeitsverlust, eine Sepsis, Vergiftungen, eine extrem hohe Adrenalinausschüttung, Herzversagen und eine Anaphylaxie (Überempfindlichkeitsreaktion) sein.

Die Symptome sind ein schneller, schwacher Puls, eine flache Atmung, erweiterte Pupillen, Untertemperatur und Muskelschwäche. Die Kapillarfüllzeit ist verlangsamt, und es dauert länger als zwei

Impfreaktionen

In seltenen Fällen kann es vorkommen, daß ein Hund eine anaphylaktische Reaktion auf einen Impfstoff zeigt. Dabei handelt es sich um eine Unverträglichkeit gegenüber den im Impfstoff enthaltenen Eiweißmolekülen. Ein Symptom dafür kann eine deutliche Schwellung um die Schnauze sein, die sich unter Umständen bis hoch zu den Augen erstreckt.

Hier wird der Tierarzt darum bitten, mit dem Tier in seine Praxis zu kommen, um die Ernsthaftigkeit der Reaktion zu begutachten und dem Hund Steroide zu injizieren, die meistens eine schnelle Wirkung zeigen. Bei einigen Hunden kann solch eine Behandlung sowie ein mehrstündiger Klinikaufenthalt bei jeder nachfolgenden Impfung erforderlich werden.

Wenn Sie Ihren Welpen, sowie später den ausgewachsenen Hund nicht überfüttern und mit einer altersgerechten, ausgewogenen Ernährung versorgen, sowie regelmäßig mit ihm spazierengehen, wird er sicherlich so zufrieden sein, wie diese Drei hier.

Mein Shih Tzu

Platz für das erste Foto Ihres Welpen

Mein Hund heißt

Mutter   **Vater**

Züchter

Geburtsdatum

Hundemarkennummer

Besondere Kennzeichen (Tätowierung, Fellfarbe etc.)

Tierarzt   **Telefon**

Adresse des Tierarztes

Tierklinik

Besondere Termine (Impfungen, Untersuchungen)

Datum	Art	Datum	Art

So fühlt sich Ihr Hund pudelwohl!

Hier wird anschaulich beschrieben, wie Gesundheits- und Verhaltensprobleme durch massageähnliche Griffe und gezielte Übungen gelindert werden können.
Schritt für Schritt werden die unterschiedlichen TTouches® und das richtige Training erklärt.
Ein hilfreicher Leitfaden, mit dem alle Hunde ausgeglichen und fröhlich bleiben.

Anti-Stress-Programm für Hunde.
Entspannter Hund durch TTouch® und Bodenarbeit.
S. Fisher. 2009. 128 S., 296 Farbf., geb.
ISBN 978-3-8001-5742-6.

Massage und Physiotherapie bei Hunden. Beweglichkeit verbessern und Schmerzen lindern.
A. Mauring, G. Lutsch. 2007. 76 S., 53 Farbf., 6 Zeichn., geb. ISBN 978-3-8001-4996-4.

Ein aktueller Ratgeber, der alle Fragen rund um den Hundealltag beantwortet.

Das große Ulmer Hundebuch. H. Schmidt-Röger. 2008. 272 S., 280 Farbf., geb. ISBN 978-3-8001-5376-3.

Spaßschule für Hunde.
58 Tricks und viele Übungen.
C. del Amo. 2. Auflage 2010. 127 S., 53 Farbf., 20 Zeichn., kart. ISBN 978-3-8001-5662-7.

www.ulmer.de